淡水养殖系列丛书

河鲀养殖一月通

江苏省淡水水产研究所 组编

中国农业大学出版社
·北京·

图书在版编目(CIP)数据

河鲀养殖一月通/江苏省淡水水产研究所组编. —北京：中国农业大学出版社，2011. 1

ISBN 978-7-5655-0150-0

Ⅰ. ①河…　Ⅱ. ①江…　Ⅲ. ①河鲀-鱼类养殖　Ⅳ. ①S965. 225

中国版本图书馆 CIP 数据核字(2010)第 228457 号

书　名　河鲀养殖一月通

作　者　江苏省淡水水产研究所　组编

策划编辑　赵　中　　责任编辑　李　楠

封面设计　郑　川　　责任校对　陈　莹　王晓凤

出版发行　中国农业大学出版社

社　址　北京市海淀区圆明园西路 2 号　　邮政编码　100193

电　话　发行部 010-62731190，2620　　读者服务部 010-62732336

编辑部 010-62732617，2618　　出　版　部 010-62733440

网　址　http://www.cau.edu.cn/caup　　**e-mail** cbsszs@cau.edu.cn

经　销　新华书店

印　刷　北京时代华都印刷有限公司

版　次　2011 年 1 月第 1 版　2011 年 1 月第 1 次印刷

规　格　850×1 168　32 开本　4.5 印张　110 千字

印　数　1～5 000

定　价　9.00 元

丛 书 主 编　夏爱军

丛书副主编　唐建清　韩　飞

本 书 作 者　周国平　沈建萍　陈　兵
　　　　　　王　庆　峁健强

总 序

目前，我国淡水养殖业已由产量型向素质型转变，由解决“吃鱼难”向保障食物营养与安全转变，由丰富“菜篮子”向促进农业结构调整和农民增收转变；随着经济全球化的发展，更是面临着产业结构、贸易结构、产品质量、渔业资源和生态环境等变化。因此，水产养殖业能否提高产量和效益，主要看养殖生产者的观念能否与时俱进，随时代的变化而转变；能否选择好一个新品种，掌握好行之有效的新技术。

近年来，高效农业的快速推进，使得特种水产养殖业发展迅猛，河蟹、青虾、克氏原螯虾、罗氏沼虾、南美白对虾、中华鳖、鳜鱼、鲈鱼、河鲀、黄鳝、泥鳅等名特优新水产养殖品种已达到规模化生产的水平，形成了自身的特点。各地在科技兴渔方针指导下，利用本地资源、特点和区域优势，大胆实践，勇于创新，新的养殖技术和模式不断涌现。为了促进水产养殖的健康可持续发展，推广新品种、新技术、新经验的应用，满足广大养殖生产者的需求，江苏省淡水水产研究所组织有关专家和学者撰稿，编写了这套“淡水养殖系列丛书”。该套丛书共计 11 本，较系统地介绍河蟹、青虾、克氏原螯虾、罗氏沼虾、南美白对虾、中华鳖、鳜鱼、河鲀、黄鳝、泥鳅和大宗淡水鱼类等水产品种的养殖方法，融入近年来获得的水产科技新成果、新技术和新经验；内容科学，以实用技术为重点；语言力求通俗易懂，并配有图，以便读者理解、掌握和操作，适应不同层次读者的需要。“丛书”的出版发行，为水产养殖业者提供一套致富的有效工具书，也为从事水产养殖等有关专业的科技和教学人员提供有益的参考资料。

江苏省淡水水产研究所所长 夏爱军
2010年5月

前 言

提及河鲀鱼，人们的感觉是既奇特又陌生，奇在其体貌形态，特在它与黄鱼、草鱼等经济鱼类比较鱼肉中的蛋白质含量高，脂肪含量低，据测定，每百克河鲀肉中蛋白质含量达 18.7 克，而脂肪含量仅为 0.26 克，河鲀鱼肉中还富含维生素 B_1、维生素 B_{12} 以及硒、锌等多种有益的微量元素，加之其肉质细嫩，肉味鲜美，历来被人们当作上等佳肴。而陌生的是河鲀虽有“鱼中之王”、“菜肴皇冠”之美誉，但它的表皮、内脏，特别是卵巢却含有毒素，食用时如加工宰杀或烹饪不当即会引起中毒，甚至丧生，我国现行的食品卫生法尚未开禁食用，因此其上市、消费尚有一定的局限性。

河鲀资源在我国黄海、东海较为丰富，许多优良品种已形成了一定的养殖规模，并产生了较好的经济效益，而长江洄游型品种的资源量由于受环境污染及捕捞强度过大的影响，自然资源日趋贫乏，如本书中特别提出的淡水类品种“暗纹东方鲀”，20 世纪 80 年代在江苏省范围内年产量 750 吨，而近两年长江中的自然产量已不能超过 2～3 吨，形势十分紧急。为此，拯救长江特有的暗纹东方鲀工作引起了有关领导和水产专家的重视，从 1991 年起，在华东地区，特别是江苏一带，对河鲀鱼人工繁殖进行了研究探讨，现已取得了成功，从而人工养殖的产量得到了大幅度提高，2000 年江苏省暗纹东方鲀人工养殖产量已超过了 300 吨。近年来，海南、广州的人工养殖产量达到上千吨。

由于河鲀鱼全人工繁殖技术的突破，近年 2.5～3.5 厘米鱼种价格在 1 元/尾左右，因此当年养成 50～100 克大规格鱼种俗称巴鱼，成本在 2 元/尾以内，巴鱼上市每尾利润 1.5 元以上，亩利润可达5 000元以上。如采取越冬后再养成的方法，到第二年10月规格可达260～400克/尾，亩产量400千克以上，亩产出16 000元，亩利润8 000～10 000元。如有地热或工厂余热水条件，则是目前水产养殖中经济效益较高的品种之一。

编写《河鲀养殖一月通》这本书的意义主要在于加强对河鲀鱼的科普宣传，使广大读者对河鲀鱼有更加科学深入的了解，防止因误食中毒影响消费者健康甚至生命安全的事故发生，同时也想通过宣传，促进河鲀鱼繁殖、养殖、加工、餐饮的规范化管理，充分并安全地利用好这一宝贵的渔业资源。

由于编者从事这项研究工作的时间短，经验缺，时间紧，疏漏不足之处谨请读者批评指正，以求有机会修订。

编　者

2009年6月

目　录

第一章　食用河鲀鱼的名称及美食历史

一、河鲀的名称

要了解河鲀鱼，首先必须先了解其名称的来历，由于种种原因，到目前为止，这种鱼的名称在报刊杂志上出现的依然是“河豚”与“河鲀”混用的局面，虽然这种状况的存在是有历史原因的，但编者认为，中国文字是十分讲究形、声、意的，作为学术交流，信息传播或专业书刊必须作一个正确引导，逐步使读者对其名称所表达的概念内涵有一个规范的统一的认识。

对于水产专业分类而言，“豚”指水生哺乳类，属鲸目，河豚科的动物，如江豚（又名江猪仔）、白鳍豚（国家一级保护动物）、海豚等。“鲀”则指水生鱼类，属硬骨鱼纲，副鳍亚纲，鲈形总目，鲀形目，鲀科。虽然目前水产专业的鱼类分类学上仍有不少用“豚科”、“豚属”替代为“鲀科”、“鲀属”的，但会随时间的推移而得到更改。例如，《生理学名词》将以前误称的“河豚毒素”修订为“河鲀毒素”。（《自然科学术语》1993 年）为此，本书从前到后除了对历史上的一些用法的举例以外，则一律改“河豚”为“河鲀”。

二、河鲀鱼食用的历史

从古到今，各类典集中均提到河鲀鱼有“水族之奇味”、“肉味鲜美”、“蒸者淡之，肥美”等记载，也就是说从古人开始就对河鲀鱼的肉味鲜美，质地鲜嫩，营养丰富有了充分的认识和肯定。生食、熟食皆宜，特别是“色、香、味、形”俱佳的生鱼片，更令河鲀美食家们销魂。聪明勤劳的沿海人民把它制成各式各样风味干品，深受消费者欢迎。

古今名人对河鲀鱼更是情有独钟,文章诗词不胜列举。宋代大诗人苏轼题画诗:“竹外桃花三两枝,春江水暖鸭先知。蒌蒿满地芦芽短,正是河豚欲上时。”元代王逢《江边竹枝词》:“如刀江鲚白盈尺,不独河豚天下稀。”吟诵名人诗词,仿佛融融春晕,柳絮时飞,面对大好江南风光,三五好友依桃花流水煮食肥鱼,佐以芦蒿,何等惬意,同时也肯定了河鲀美食文化在古时已在苏沪盛行。

河鲀虽“肉味鲜美”,但“食之杀人”。古人云“吴人言其血有毒,脂令舌麻,子令腹胀,眼令目花”讲的是河鲀虽然美味,但其血、肝脏、卵巢、眼睛等是有毒的。

河鲀的毒性在我国古代早有文献记载,如战国时代的《山海经》中,后汉王充著的《论衡》中均有河鲀可致人死命之记载。宋代祝穆等著的《车文类聚》中写道:“河豚有大毒,肝与卵人食之必死。”宋建阳宁慈所作《洗冤录》中也述及:“河豚风药并食毒”,明代谢肇制著的《五杂俎》,则对河鲀评价为“其肝尤美,所忌血与子耳”。明代李时珍编著的《本草纲目》中,不但指出了“河豚有大毒”,而且还提出有关解毒的方法和在疾病方面的应用。明代陶宗仪《辍耕录·食品有名》:“水之咸淡相交处产河豚。河豚,鱼类也,鱼鳞夹,常怒气满腹,形殊弗雅,然味极佳,煮治不精,则能杀人”。新中国成立后,我国食品卫生管理有关法规并未严格禁食河鲀鱼,到了1981年颁布的“水产品卫生管理办法”开始有了明文规定,禁食河鲀鱼鲜品,但咸干品仍可食用。我国沿海居民多有嗜食河鲀鱼的习惯,其中尤以江苏省杨中、江阴一带更为盛行。每年早春河鲀美食者趋之若云,促进了当地餐饮与旅游业的发展。近年来由于河鲀鱼自然资源的日趋贫乏,野生河鲀身价百倍,这也给人工养殖河鲀鱼带来了契机。

分析以往食河鲀中毒的事例,不外乎宰杀时操作不精,漂洗不尽,烹饪不当。食用肝脏时一定要使其中血液洗净,再用80~

130℃食用油煲煎，煮食时间应在45分钟以上，中间不能品尝。更有拾荒者见其卵巢鲜亮，认为是美食，食之死亡，因此，操作时弃物必须单独处理或埋入土中。

近来有新闻报道人工培育成功“无毒河鲀”，笔者认为不应如此报道，一是由于河鲀毒素的产生机理尚不清楚，如下此定论，万一造成了食者中毒则后果严重，是不可取的。另一方面，根据《暗纹东方鲀肝脏热去毒效果的研究》和《暗纹东方鲀生殖前后性腺中河鲀毒素含量变化的研究》(李勤，华元渝)，以及《人工养殖暗纹东方鲀毒性的初步研究》和《人工养殖及野生暗纹东方鲀肝脏毒性比较及其烹饪加工对其毒性影响的研究》(周国平，许力)所测试的结果，均认为养殖河鲀是低毒的。按正规的加工烹饪规程操作是安全可靠的，因此发展养殖河鲀的前景是良好的。

日本食用河鲀鱼的历史也是比较悠久的。幕府时代也禁食河鲀鱼，但屡禁不绝，上至藩主，下至黎民百姓，拼死吃河鲀者大有人在。明治维新后，政府变禁止为开放。而今，河鲀料理名目繁多，已形成了日本河鲀鱼食文化，从而促进了餐饮业的发展，形成了日本特色料理。河鲀鱼在我国香港、台湾也被认为是上等佳肴，但在其加工、烹饪的管理上日本的法规更为全面严格，只有经过正规学习考核合格，并获得厚生省许可证者，方有资格从事这项性命攸关的工作。日本目前是世界河鲀鱼消费最大的国家，除本国生产以外，还依赖进口部分品种，这与其历史悠久的“河鲀鱼食文化”是密不可分的。

第二章　河鲀鱼的生物学特性

河鲀类属于硬骨鱼纲，辐鳍亚纲，鲈形总目，鲀形目。鲀形目又可分为箱鲀亚目（如粒突箱鲀）、鳞鲀亚目（如马面鲀）、翻车鲀亚目（如翻车鲀）、鲀亚目。鲀亚目又可分为鲀科和刺鲀科（如斑鳍短鲀），鲀科中最具有经济价值的有兔鲀属、刺腹鲀属和东方鲀属等。应该说明的是，一般意义上讲所有鲀形目的品种都可以称为河鲀鱼，但实际上河鲀鱼是指与我们的文化密切相关的一类有毒却味道鲜美的经济品种，如红鳍东方鲀、假睛东方鲀等东方鲀属的常见种类。而如鳞鲀亚目中的马面鲀（俗称扒皮鱼）就不在人们所想象的河鲀文化中了，而且这类鱼不列入政府禁止食用的河鲀鱼之中。

一、河鲀鱼的形态特征和内部构造

（一）河鲀的形态特征

1. 河鲀鱼的体型　河鲀鱼除了少数品种（如箱鲀为多边形）具有特殊的形态以外，一般都近似纺锤形，也就是这种体型粗而短，前部胖圆的形态像猪，古称之为“豚”，即河鲀。这一特征决定了它们的游泳能力不强，不宜作远距离的游泳。除了鲀科品种的体型比较相近外，其他不同品种的体型差异较大。在野生条件下其体长、全长、体重的关系指数是分类学的指标和依据，而在人工养殖条件下，这些数据的测定则是衡量鱼体生长、发育、肥满度的参考依据。同时要指出的是一般生物学测定对鱼体高度也必须有数据，但河鲀鱼体型特殊，只能用软尺测得胸部最宽部位的胸围进行对比计算。

2. 河鲀鱼的体色、斑点和花纹　河鲀鱼起源于热带海洋，像热带鱼一样均有美丽多变的色泽、斑点和条纹,加之潜水艇形状的憨态,许多小型品种已被人们视为珍贵的观赏鱼品种。体表的色彩、斑点、花纹也是最易被人们接受和利用作为鉴别品种的依据之一,但由于河鲀鱼的体色花纹经常变异很大,同一种河鲀鱼不同个体之间存在差异;同一个体不同生长阶段也存在差异,同一个体同生长阶段在不同水域环境中亦呈现差异,这都给我们的鉴别工作造成了困难。因此,体色、斑点、花纹只能作为品种鉴别的一个参考特征,下面归纳两点介绍比较体表花纹特征。

(1)白点:许多河鲀鱼品种体表均有白点、白斑。以东方鲀属为例,鱼成体具白点、白斑的品种有:星点东方鲀、铅点东方鲀,均为小型鱼类。因此,易与其他品种带白点、白斑的幼鱼相混(如菊黄东方鲀、网纹东方鲀、暗纹东方鲀、紫色东方鲀等),必须引起重视,避免斑点、白点在不同品种河鲀鱼间造成相似性错觉。

(2)胸鳍后斑点:大多数鲀属鱼类均有这一黑斑,其变异性也特别大,但可根据其位置、边缘白边的情况及其形状来鉴别。

星点东方鲀的胸鳍后斑为一扁圆形黑斑,虫纹东方鲀胸鳍后斑,周围呈菊花状;横纹东方鲀的黑斑不很明显。另外,大多数河鲀鱼名都是根据其鱼体上的斑纹特点而命名,如横纹东方鲀其体表背部具有6条横带;黄鳍(条纹)东方鲀的鳍呈黄色,全身具有明显的条纹;虫纹东方鲀全身具蠕虫状白色斑点;双斑东方鲀胸鳍前后各具一黑斑;痣斑东方鲀全身布有痣状的黑斑点;紫色东方鲀成体体表呈紫色;暗纹东方鲀体背及上侧部具灰褐色横带纹4～5条,胸鳍上方及背鳍基部各有一块大黑斑。

3. 鳍　鳍也是河鲀鱼品种分类的依据之一,如红鳍东方鲀和假睛东方鲀区别之一在于它们的臀鳍有色泽上的差异,前者呈白色或红色,后者呈灰色。处于自然状态下的红鳍东方鲀的臀鳍为白色,由于捕捞过程中的挣扎或鱼体咬尾,往往充血变红,所以才称为红鳍东方鲀。因此红鳍东方鲀和假睛东方鲀用鱼鳍的特征鉴别困难较大。

河鲀鱼大多数没有腹鳍，但三齿鲀腹鳍异常发达。河鲀鱼由于有撕咬习性，故鱼鳍往往残缺，不完整。

4.皮刺　河鲀鱼多数具有皮刺，是皮肤的突起，有的转化成瘤，如豹纹东方鲀。皮刺之所以是鉴别东方鲀属中品种的一个十分简便可靠的特征，是由于皮刺的有无强弱及其分布特点在同一品种变异很小，比较稳定。前面所述，由于有些河鲀鱼成体或幼体身具白斑、白点，极易混淆，可通过手摸皮刺及其分布特点来准确地区分。

依据皮刺，鉴别中国东方鲀鱼的检索表如下：

[1] 皮肤光滑，无皮刺和瘤 …………………… 紫色、虫纹东方鲀
[1] 皮肤无皮刺，具瘤状突起 …………………… 豹纹东方鲀
[1] 皮肤具皮刺 …………………………………………… [2]
[2] 皮刺布满全身分布 …………………………… 铅点东方鲀
[2] 背腹刺区在胸鳍前后相连接 ………………… 横纹东方鲀
[2] 腹刺区在胸鳍前、眼后部相连接 …………… 暗纹东方鲀
[2] 腹刺区分离 …………………………………………… [3]
[3] 刺区非舌状，向后延伸绕背鳍至尾部…… 星点、网纹东方鲀
[3] 背刺区舌状 …………………………………………… [4]
[4] 皮刺细弱 ……………………………… 墨绿、弓斑东方鲀
[4] 皮刺强 …………… 红鳍、假睛、菊黄、黄鳍、双斑东方鲀

(二)骨骼

河鲀鱼骨骼的主要功能在于支持身体、保护器官以及配合肌肉产生各种形式的动作。鱼体骨片数目和形态在各个类群中各有自己的特点，而且具有比较稳定的性状，因此研究鱼类的分类及系统演化，骨骼往往具有重要作用，同时也常利用骨骼作为判断特性和鉴定种属的依据。

东方鲀属鱼类在19世纪以前被混于鲀属（*Tetradon*）中，20

世纪以来被混于圆鲀属(*Spheroides*)中,直到1952年,Abe(1952)把红鳍东方鲀(*Tetradon rubripes* Temminek et Schlegel)作为新属模式,以头骨、脊椎骨和背鳍条数目等特征为依据,确立了东方鲀属(*Fugu*),以区别于大西洋中的圆鲀属。

中国科学院海洋研究所成庆泰、王存信、李春生等在研究东方鲀属的分类中发现,由于东方鲀属鱼类个体变异大,颜色花纹多种多样,长期以来在分类上比较混乱,因此经过多年的分析研究,认为以头骨形态为主要特征,对说明种间关系有很大的启示性,同时,皮刺的有无和种类的地理分布情况,对于分类区系研究亦具一定意义。

正是通过对东方鲀属鱼类头骨的深入研究,成庆泰、王存信等才依据其头骨的不同形态,分为7种类型:①虫纹东方鲀型;②星点东方鲀型;③弓斑东方鲀型;④红鳍东方鲀型;⑤暗纹东方鲀型;⑥黄鳍东方鲀型;⑦横纹东方鲀型。他们对中国产15种东方鲀进行了分类研究和鱼类种间关系讨论,为中国河鲀鱼的分类研究作出了重大贡献。

(三)内部解剖

1. 肌肉系统　河鲀鱼肌肉是我们食用的主要部分,因此肌肉中是否具毒直接关系到能否食用。在日本允许进口的21种河鲀鱼中,肌肉中均无毒或毒素量极少。

2. 内脏　对于各脏器,我们关心的也是其毒性。一般来说,卵巢和肝脏均具有剧毒,精巢是否具毒以不同种类而定,如红鳍东方鲀、假睛东方鲀和人工养殖的暗纹东方鲀的精巢无毒,可供食用,并且味道鲜美,胜于肌肉部分。关于脏器毒性的详细情况将于后面章节内介绍。

另外,据《河鲀鱼及其加工利用》(李晓川)介绍,河鲀鱼个别个体存在有"雌雄同体"的现象。即一条鱼中既含有精巢又含有卵巢,其方式有:①卵巢和精巢粘在一起一直到基部;②卵巢和精巢背对背粘在一起;③精巢包着卵巢或卵巢包着精巢;④打破界膜,精巢、卵巢融合在一起。

据北滨喜一(1977,1978)所述,1973—1976 年中在 5 727 尾河鲀鱼中共发现 17 尾两性河鲀,检出率为 0.03%。经测定,9 例两性河鲀的生殖腺有毒性,有 5 例毒性在 400 鼠单位以上。因此在确认精巢组织无毒后,方可食用,否则一旦其中混有卵巢组织,将会发生误食中毒事故。

(四)河鲀鱼的特异习性介绍

1. 胀腹习性　河鲀鱼胃的一部分形成特殊的袋状,它可以吸入水和空气而使腹部膨胀,此习性被认为与威吓对方和自卫有关。皮刺为胀腹更增加了效果,并且与胀腹习性有着深刻的联系,一般腹部皮刺发达而背部略差,尾部几乎没有。在个体发育皮刺长成之前,无胀腹现象,如红鳍东方鲀。布氏鲀的皮刺最发达,其胀腹习性也最显著、最有趣。

2. 钻沙习性　河鲀鱼经常会将腹部朝下,“坐”在水底。将身体左右剧烈晃动,拨开水底沙子,并用尾部将沙撒在身体上,埋于沙中,眼睛和背鳍露于外面。

3. 闭眼习性　一般来说,鱼类没有眼睑,无法闭眼,但河鲀鱼眼周围有许多皮皱,通过来回运动这些皮皱可使河鲀鱼慢慢眨眼。在鱼类当中迄今发现只有河鲀才有此习性。

4. 咬尾习性　河鲀鱼的牙是愈合齿,呈鸟喙状,若身体互相接触,有疯狂撕咬的习性。钓上来的红鳍东方鲀一放入活鱼槽中,即刻撕咬,有时可咬伤对方,因此渔民常在钓上河鲀鱼后将其牙打断,以防止互相撕咬。

5. 呕吐习性　当钓上或网上河鲀鱼后放入水槽中,由于水质等环境条件变化的刺激,河鲀鱼即刻将胃中食物吐出,因此常常会发现水槽中有大量呕吐物。

另外,河鲀鱼类还有发声、死亡洄游等特异习性,有待进一步的研究和探讨,这里不再赘述。

二、我国常见东方鲀的各类特征及其分布

(一)红鳍东方鲀(*Fugu rubripes* Temminck et Schiegel)(鲀科)

地方名:黑艇巴,黑腊头。

形态特征:背鳍 17;臀鳍 15;胸鳍 15～17;尾鳍 10(8 分支)。

体亚圆筒形;体长为体高 3.2～3.8 倍,为头长 3.0～3.4 倍。头中大;头长为吻长 2.0～2.5 倍,为眼径 7.3～8.8 倍。额骨长与宽约相等;额骨纵走隆起线向前延伸,达前额骨后缘中部;前额骨占眶上缘的 1/3。吻圆钝,吻长为眼径 3.4～3.8 倍。眼小,眼间隔宽而微突,头长为眼间隔 1.8～2.1 倍。鼻孔每侧 2 个,鼻瓣呈卵圆形突起。口小,前位,上、下颌各具 2 个喙状牙板。唇发达,细裂;下唇较长,两端向上弯曲。鳃孔中大,侧位,位于胸鳍基底前方。鳃盖膜白色。

头部与体背、腹面均被强小刺,背刺区与腹刺区分离。吻部、头体的两侧及尾部光滑,无小刺。侧线发达,上侧位,至尾部下弯于尾柄中央,侧线具分支多条。体侧皮褶发达。

背鳍略呈镰刀形,起点稍前于臀鳍起点,具 17 鳍条。臀鳍与背鳍同形,具 15 鳍条。胸鳍近方形,上部鳍条稍长。尾鳍截形。

背面和上侧面青黑色,腹面白色。体侧在胸鳍后上方有一白边黑色大斑,斑的前方、下方及后方有小黑斑。除臀鳍白色,各鳍黑色。

分布:我国产于黄、渤海和东海。朝鲜、日本,日本海。

习性:近海底层食肉性鱼类,主食贝类、甲壳类和小鱼,体长一般在 350～400 毫米,大者可达 700 毫米以上。性成熟期体长雄性为 350 毫米,雌性为 360 毫米。产卵期 3～5 月。主产日本沿海。

毒性:卵巢和肝脏有强毒,卵巢毒力随季节变化而有很大差异,从 12 月至翌年 6 月间其毒力范围在 2 000～10 000 单位。从

毒量来看,1 尾 3 150 克的鱼,其卵巢重 600 克,毒力为 4 000 单位,毒量可达 240 万单位,即相当于 600 克的卵巢可使 12 人食后致死的毒量。其中尚不包括肝脏的毒量。肝脏的毒力较卵巢略低。肠在 4～5 月有弱毒。血液、精巢、皮肤和肉基本无毒。在鲀科鱼类中,红鳍东方鲀的毒力还是属于弱的,但在各种鲀科鱼类中毒统计中,食用红鳍东方鲀而引起中毒的较多,这种鱼体型较大,一般 1 尾 2～2.5 千克的鱼,其全毒量可使 10 人死亡。

(二)假睛东方鲀(*Fugu pseudommus* Chu)(鲀科)

形态特征:背鳍 16～17;臀鳍 15～17;胸鳍 16～18。

体亚圆筒形,向后渐狭小;体长为体高 2.7～3.3 倍,为头长 2.8～3.0 倍。头中长,头长稍小于鳃孔至背鳍起点的距离;头长为吻长 2.3～2.7 倍,为眼径 6.5～6.8 倍。额骨长与宽约相等;额骨纵走隆起线向前延伸常弯曲达前额骨后缘中部,两隆起线间距离较窄;前额骨占眶上缘的 1/3。吻圆钝,吻长为眼径 2.5～3.0 倍,约等于眼后头长。眼小,眼间隔宽平,微凸鼻孔每侧 2 个,鼻瓣呈卵圆形突起。口小,前位。上、下颌各具 2 个喙状牙板,中央缝显著。唇发达,细裂;下唇较长,两端向上弯曲。鳃孔中大,侧位,位于胸鳍基底前方。鳃盖膜白色。

头部与体背、腹面均被强小刺,背刺区与腹刺区分离。侧线发达,上侧位,至尾部下弯于尾柄中部。侧线具分支多条。体侧皮褶发达。

背鳍略呈镰刀形,始于肛门后上方,具 16～17 鳍条。臀鳍与背鳍同形,起点稍后于背鳍起点,具 15～17 鳍条。胸鳍宽短,近方形。尾鳍截形。

体青黑色,腹面白色。体色花纹变异大。体长 170 毫米以下时,体上散布白色小斑点,斑径小于斑间距;体长 200 毫米左右时,白斑渐不明显;至 240 毫米左右时,白斑消失,体侧具不规则黑斑。胸鳍后上方具一圆形大黑斑,边缘白色。背鳍基部亦具一黑色大斑，白色边缘有时不明显。臀鳍黑色或灰褐色，前缘及端部暗灰色。背鳍及胸鳍灰褐色。尾鳍黑色。

分布：中国，朝鲜，日本。

习性：为沿岸近海底层肉食性杂鱼。我国主要产区在东海、黄海、渤海。有溯江特性，长江亦有分布，曾记录于苏州。体长可达457毫米。性成熟期体长雄性为245毫米，雌性为260毫米。

毒性：卵巢有毒，其毒力最高为1万单位。肝脏毒力最高为1 000单位，大部分时间无毒。肠及皮肤有弱毒。精巢和肉全年无毒，可供食用。本种体型中大，毒量最高为40万单位，能使2人致死。

(三)黄鳍东方鲀(*Fugu xanthopterus* Temminck et Schlegel)(鲀科)

地方名：艇巴，花腊头，黄天霸，乖鱼，花龟鱼，花河鲀。

形态特性：背鳍15～17；臀鳍14～15；胸鳍16～18。

体亚圆筒形；体长为体高3.1～3.8倍，为头长2.8～3.4倍。头中长，头长小于鳃孔至背鳍起点的距离；头长为吻长2.2～2.8倍。为眼径4.2～4.7倍。额骨长与其宽约相等；额骨纵走隆起线向前延伸，后侧缘有2个突起；前额骨宽大，略呈方形。吻圆钝。眼中大，眼间隔宽平，为眼径2.1～3.8倍。鼻孔每侧2个。鼻瓣呈卵圆形突起，距中比距吻端为近。口小，前位。上、下颌各具2个喙状牙板。唇发达；下唇较长，两端向上弯曲。鳃孔中大，侧位，位于胸鳍基底前方。鳃盖膜灰色。

头部及体背、腹面均被较强小刺，背刺区与腹刺区分离。侧面光滑。侧线发达，上侧位，至尾部下弯于尾柄中央。侧线具分支多条。体侧皮褶发达。

背鳍1个，略呈镰刀状，始于肛门上方，具15～17鳍条。臀鳍与背鳍同形，起点稍后于背鳍起点，具14～15鳍条。胸鳍宽短，近方形。尾鳍后缘截形或稍凹。

头体背侧蓝黑色，背侧面具 3～4 条弧形蓝黑色宽纹；最后 2 条宽纹与背缘平行，向后伸达尾鳍基；宽纹之间具细狭白色条纹，在胸鳍后方相连并向后分叉。背鳍基底具一椭圆形蓝黑色大斑，边缘白色。胸鳍基底内外侧各具一蓝黑色大斑。腹侧白色。体侧、上下唇、鼻囊及各鳍均为黄色。

分布：我国沿海，朝鲜，日本。

习性：生活于近海底层，游泳能力差，遇危险气囊可吸入水和空气，使腹部膨胀，用以自卫或漂到水面。喜集群，亦进入江河，幼鱼栖于咸淡水中。以贝类、虾类、小鱼等为食。冬末性腺开始成熟，春季产卵，卵浮性。4～5 月在沿岸可捕到幼鱼。个体较大，体长 200～500 毫米。每年春季由外海游向近岸，亦进入长江。秋季由近岸向外海洄游。为延绳钓、拖网、定置网、流刺网的兼捕对象。牙锐利，常断钓丝及网具，影响渔民作业。

毒性：卵巢和肝脏有强毒，误食可致死。卵巢毒力最高达 1 万单位，1 尾 2 100 克体重的黄鳍东方鲀，其卵重约 87 克，而毒量可达 87 万单位。肝脏毒力最高达 4 000 单位。肠有弱毒。精巢、皮肤和肉基本无毒。鲜肉洗净，可供食用。

（四）菊黄东方鲀（*Fugu flavidus* Li, Wang et Wang）（鲀科）

形态特征：背鳍 15～16；臀鳍 13～15。体较粗短；体长为体高 3.3～4.1 倍，为头长 2.7～2.9 倍。头中大；头长吻长 2.2～2.8 倍。为眼径 7.2～8.9 倍。额骨纵走隆起线向前方延伸，达前额骨后缘前部；前额骨三角形，占眶上缘的 1/2，额骨长与宽约相等。吻圆钝，吻长为眼径 2.4～3.7 倍。眼较小，上侧位。鼻孔 2 个，鼻瓣呈卵圆形突起，距眼比距吻端为近。口小，前位。上、下颌各具 2 个喙状牙板。鳃孔位于胸鳍基底前方。皮肤较厚。

体背面与腹面均被较强小刺，背刺区与腹刺区分离，背刺区呈舌状，前端始于眼间隔中面，后端不达背鳍起点。

背鳍具 15～16 鳍条。臀鳍与背鳍同形，具 13～15 鳍条。

体深黄色，腹面白色，体色和斑纹随个体增长变异：体长 150 毫米左右，体背侧散布浅色不规则圆斑；体长 230 毫米左右，白斑渐模糊；280 毫米左右，体呈一致深黄色。胸鳍附近体侧有一菊花状边缘的横长黑斑，位较低，大部分为胸鳍末端所掩盖。在大型个体中，此黑斑变为狭长形或分为散碎斑块。

分布：我国产于黄海和东海。

毒性：为近海底层杂鱼，体长可达 300 毫米。内脏及血液等有毒，毒性不详，尚待深入研究。

（五）墨绿东方鲀（*Fugu basilevskianus* Basilewsky）（鲀科）

形态特征：背鳍 16～17；臀鳍 14～16。

体亚圆筒形，向后渐狭小；体长为头长 3.1～3.3 倍。头中大，微尖。额骨纵走隆起线伸向前侧方，达前额骨后缘中部。眼小，上侧位。鼻孔每侧 2 个。上、下颌各具 2 个喙状牙板。唇发达。鳃孔中大，侧位。

头部及体背、腹面均具小刺，小刺极微弱不明显（新鲜标本几乎摸不到），背刺区与腹刺区分离。

背鳍 1 个，略呈镰刀状，始于肛门后上方，具 16～17 鳍条，臀鳍与背鳍同形，基底几与背鳍基底相对，具 14～16 鳍条。尾鳍截形。

体黑色，微绿。胸鳍后上方有一黑色大斑，背鳍基亦具 1 黑色斑。

分布：我国产于渤海和黄海北部。

习性：为近海底层杂鱼，体长 310～345 毫米。产卵期在 5 月中、下旬。

毒性：卵巢及肝脏有强毒，皮肤具弱毒，肠亦有毒。肌肉和精巢无毒。

（六）网纹东方鲀（*Fugu reticularis Tien*，Cheng et Wang）（鲀科）

形态特征：背鳍 15～16；臀鳍 13～15。

体亚圆筒形，向后渐狭小；体长为体高3.4～3.9倍，为头长2.9～3.1倍。尾柄细长，约等于头长。头中长；头长为吻长2.1～2.2倍，为眼径7.0～7.6倍。额骨长与宽约相等；额骨纵走隆起线伸向前侧方，达前额骨后缘中部；前额骨占眶上缘1/3。吻圆钝，吻长为眼径3.2～3.7倍。眼较小，上侧位，鼻孔每侧2个，鼻瓣呈卵圆形突起，距眼比距吻端为近。口小，前位。上、下颌各具2个缘状牙板，中央缝显著。唇发达。鳃孔位于胸鳍基底前方。

体背面与腹面均具小刺，刺极弱，不明显。背刺区与腹刺区分离；背刺区始于两鼻孔间后方，向后沿侧线达背鳍两侧。

背鳍略呈镰刀形，具15～16鳍条。臀鳍与背鳍同形，具13～15鳍条。

体棕绿色，腹部灰白色。体色斑纹随体长而变异：体长100毫米时，体散布白色斑点；体长180毫米时，白斑渐变为网状斑。体背部有3条暗色横带：一条位于眼间隔，一条位胸鳍后方，另一条位于尾柄上方。胸鳍末端体侧处有1个带白环的大黑斑，此斑约2/3位于胸鳍末端上方，大部分外露，不为胸鳍所掩盖。

分布：我国产于黄海及东海。

习性：为近海底层杂鱼，体长可达295毫米。

毒性：内脏及血液等有毒，毒性不详，尚待深入研究。

（七）紫色东方鲀（*Fugu porphyreus* Temminck et Schlegel）（鲀科）

地方名：面艇巴。

形态特征：背鳍14～15；臀鳍12；胸鳍14～15。

体亚圆筒形，向后渐狭小；体长为体高3.4～3.6倍，为头长3.4～3.9倍。头中长；头长为吻长2.6～2.9倍，为眼径5.3～5.5倍。额骨长与宽约相等；额骨纵走隆起线向侧方延伸，呈浅弧形弯曲，达额骨游离边缘前部。吻圆钝，吻长为眼径 3 倍，约与眼后头长相等。眼小，上侧位；眼间隔宽平，为眼径 3.0～3.5 倍。鼻孔每侧 2 个，瓣呈卵圆形突起。口小，前位。上、下颌构等长，唇发达，边缘细裂。上、下颌各具 2 个喙状牙板，中央缝显著。鳃孔大，弧形，侧位，位于胸鳍基底前方。鳃盖膜白色。

体光滑，无小刺，无瘤状突起。侧线发达，上侧位，至尾部下弯于尾柄中央。侧线具分支多条，体侧下缘具皮褶。

背鳍 1 个，略呈镰刀形，起点位于肛门后缘上方，具 14～15 鳍条。臀形与背鳍同形，起点稍后于背鳍起点，具 12 鳍条。胸鳍宽短，近方形。尾鳍截形。

体棕紫色，腹面白色。体色随鱼体生长而变化：体长在 150 毫米以下时，体具白斑；体长 150～240 毫米的中等个体，白斑缩小，深褐色底色扩大，渐呈现以黑斑为主；体长 250～360 毫米者，黑斑变小，散布成小黑点；体长 360～500 的大型个体，黑点渐消失，呈一致棕紫色或紫褐色。胸鳍后上方体侧处具一圆形大黑斑，周围淡白色。背鳍基底两侧有一圆形大黑斑。尾鳍和胸鳍灰褐色，幼小个体也有小黑点散布。背鳍和臀鳍灰黄色。

分布：我国产于黄海和东海。朝鲜，日本，日本海。

习性：为温水性近海底层杂鱼。个体较大，最大可达 500 余毫米，冬季捕获之个体，体长在 200～350 毫米，性成熟时体长为 350 毫米左右。主食虾、蟹和小鱼。

毒性：毒性强，卵巢和肝脏有猛毒，卵巢在产卵期（2 月）毒力可达 4 万单位，产卵后，其毒力不衰；肝脏毒力在产卵期雌鱼为 1 万～2 万单位，雄鱼为 1 万单位。皮肤和肠有强毒，皮肤毒力在 6 000 单位左右；肠的毒力可达 4 000 单位。肉和精巢无毒。本种最大毒量可达 664 万单位，是具较强毒性的种类，大型个体每尾鱼的毒量可使 33 人死亡，故食用时需慎重处理。

(八)虫纹东方鲀(*Fugu vermicularis* Temminck et Schlegel)(鲀科)

地方名:面艇巴,气鼓子,鸡抱,蜡头。

形态特征:背鳍 13～14;臀鳍 11～13;胸鳍 16～17;尾鳍 11(8 分支)。

体亚圆筒形;体长为体高 3.0～3.9 倍,为头长 3.0～3.4 倍。头中长;头长为吻长 2.4～2.8 倍,为眼径 4.6～6.0 倍。额骨长与宽约相等;额骨纵走隆起线向侧方延伸,呈深弧形弯曲,达额骨游离边缘中部。吻圆钝,吻长为眼径 2.0～2.5 倍,约与眼后头长相等。眼较小,上侧位;眼间隔宽平,头长为眼间隔 1.7～2.2 倍。鼻孔每侧 2 个,鼻瓣卵圆形突起。口小,前位。上、下颌各具 2 个喙状牙板,唇颇发达。鳃孔中大,鳃盖膜白色。

头及体光滑,无小刺。无瘤状突起。侧线发达,上侧位,至尾部下弯尾柄中央,具多条分支。体侧下缘皮褶发达。

背鳍 1 个,镰刀形始于肛门后上方,具 13～14 鳍条。臀鳍与背鳍同形,基底与背鳍基底相对,具 11～13 鳍条。胸鳍宽短。尾鳍截形。

体灰褐色,背侧具许多圆形和大小不一的淡蓝色和白色斑点,有些白斑呈条状中虫纹状,分布不规则。体色和斑纹不随体长增长而变化。胸鳍后上方体侧处有一褐色斑块。背侧隐具一褐色横带,连接左右两个斑块。背鳍基底具一褐色斑块,有时不显著。下侧面黄色,腹面白色。除臀鳍和尾鳍下缘白色外,各鳍均黄色。鳃腔黄色。

分布:我国沿海。朝鲜,日本。

习性:暖温性底层食肉性鱼类。栖于近海及河口咸淡水中,有时亦进入江河。主食贝类、蟹和小鱼。有气囊,遇敌害时能使腹部膨胀。4～5 月为产卵期,此时在沿海河口附近可发现产卵亲鱼,产卵后,多在稍深近海栖息。体长一般为 150～250 毫米,最大体长在300毫米以内。产量不少，为我国次要经济鱼类。

毒性：毒性强烈，卵巢和肝脏有猛毒。卵巢毒力最高达2万～4万单位，而毒量高者可达20万单位以上。肝脏毒力为2 000单位，而毒量亦可高达20万单位。据测定，1尾体重400克的虫纹东方鲀，其卵巢和肝脏两者合计的总毒量最高可达96万单位，这样的毒量能使5人致死。皮肤有毒，毒力在1 000～10 000单位。肠亦有毒。精巢无毒。过去认为肉一般无毒，但4～5月间个别的有弱毒，毒力在200～400单位。因此食用时要慎重处理。但据最近研究，其肌肉亦具毒性，日本因接连发生虫纹东方鲀中毒事件，厚生省已作出禁止进口、经营虫纹东方鲀的决定。

虫纹东方鲀也是药用鱼类。

(九)暗纹东方鲀(*Fugu obscurus* Abe)(鲀科)

地方名：河鲀、街鱼。

形态特征：背鳍15～18；臀鳍13～16；胸鳍16～18。

体亚圆筒形；向后渐狭小；体长体高3.1～3.7倍，为头长2.8～2.9倍。头中长，头长为吻长2.4～3.0倍，为眼径5.8～12倍。额骨长与宽约相等；额骨纵走隆起线向前达前额骨后缘前部；前额骨略呈三角形，占眶上缘的1/2。吻圆钝，吻长为眼径2.4～4.9倍。短眼后头长，眼小，眼间隔宽而微凸，头长为眼间隔1.5～2.0倍。鼻孔每侧2个，鼻瓣呈卵圆形突起。口小，前位，上下颌各具2个喙状牙板。唇发达，细裂；鳃孔中大，侧位。鳃盖膜白色。

头部及体背、腹面均小刺，背刺区与腹刺区在眼后部相连。吻侧后部及尾部光滑。侧线发达，上侧位，至尾部下弯于尾柄中央。侧线分支多条。体侧皮褶发达。

背鳍略呈镰刀形，位于肛门后上方，具15～18鳍条。臀鳍与背鳍同形，起点稍后于背鳍起点，具13～16鳍条。胸鳍宽短，近方形。尾鳍截形。

体棕褐色，体侧下方黄色，腹面白色。体色和条纹随体长不同而有变异。背侧面具不明显褐色横纹4～6条，横纹之间具白色狭纹3～5条。胸鳍后上方体侧处具一圆形黑色大斑，边缘白色。背鳍基部具一白边黑色大斑。幼体的暗色宽纹上散布着白色小点，较大个体白点由不明显而至消失，暗色宽纹也较黯淡。胸鳍基底外侧和里侧常各具一黑斑。背鳍、胸鳍、臀鳍黄棕色，尾鳍后端灰褐色。

分布：我国产于黄、渤海和东海。朝鲜也有分布。

习性：为近海与河川食肉性中、下层洄游鱼类。溯河性强，每年春末夏初性成熟的亲鱼群游入江河产卵，幼鱼生活在江河或通江湖泊中肥育，到翌年春季返回海里，也有直接入海的，在海里长大到性成熟时再溯河在淡水中产卵。杂食性，主食虾、蟹、螺、鱼苗、水生昆虫、枝角类和桡足类，也食植物叶片和丝状藻等。在长江，产卵期为4～5月，5月为盛期，在长江中下江游段或洞庭湖、鄱阳湖水系产卵，有时溯河达宜昌等地，怀卵量14万～30万粒。

经济意义：暗纹东方鲀产量大，在整个长江渔业中占有一定比重，江苏省年产量达150万千克，具有一定的经济价值。主要产区在南京以下沿江各县，以江阴县产量最高，渔期在3月下旬为旺汛。在东南沿海无明显汛期，终年可以捕获。肉鲜美，脂肪和蛋白质含量高，鲜食和腌制颇受群众欢迎。也可作药用，药效同虫纹东方鲀。

毒性：卵巢、肝脏、肾脏和血液有猛毒，卵巢在产卵期含毒量很高，毒力最高为10万单位；肝脏毒力在2 000～4 000单位。皮肤和肠有强毒，肉和精巢无毒。鲜食时，需将内脏、血液、皮肤、鱼眼除去，长时间烹煮，方可食用。

（十）双斑东方鲀（*Fugu bimaculatus* Richardson）（鲀科）

地方名：鸡抱，乖鱼，花抱。

形态特征：背鳍13～14；臀鳍12；胸鳍15～18。

体亚圆筒形，向后渐狭小；体长为体高3.0～3.8倍，为头长

2.8～3.2倍。头中长,头长大于自背鳍起点至尾鳍基底的距离;头长为吻长2.2～2.7倍,为眼径4.7～6.9倍。额骨长约与宽相等;额骨纵走隆起线向前延伸,达前额骨后缘;前额骨三角形,占眶上缘的1/2。吻圆钝,吻长为眼径2.2～3.0倍。眼小,上侧位;眼间隔宽平,圆凸。鼻孔每侧2个,鼻瓣呈卵圆形突起。口小,前位。上、下颌各具2个喙状牙板,唇发达。鳃孔中大,侧位,位于胸鳍基底前方。鳃盖膜白色。

头及体背、腹面被较强小刺,背刺区与腹刺分离。

背鳍镰刀状,始于肛门后上方,具13～14鳍条。臀鳍与背鳍同形,基底与背鳍基底相对,具12鳍条。胸鳍宽短,近方形。尾鳍截形。

头体背侧面淡绿色,具蓝褐色弧形横纹10余条;横纹成对状排列,有时前后部分相连,最后2条与背缘平行延向尾基;横纹间淡绿色条纹。胸鳍后上方的体侧具一大黑色斑。周围淡绿色;背鳍基底具一大黑斑,中央及边缘淡绿色。胸鳍基底外侧和内侧各具一小黑斑。幼体在蓝褐色横纹上常具淡绿色斑点,胸鳍后上方体侧的黑斑与背面横纹相连。在较大个体淡绿色斑点连成条纹,胸鳍后上方体侧黑斑不与背面横纹相连,蓝褐色横纹再次呈现分裂现象。各鳍黄色。腹侧白色,侧下方黄色。小鱼鼻囊黄色,成鱼为灰褐色。

分布:我国产于黄海南部、东海和南海。

习性:近海底层食肉性鱼类,以贝类、甲壳类和小鱼为食。

毒性:肝脏、生殖腺和血液有剧毒,肌肉含强毒,不宜食用,其毒性和毒力尚需进一步研究。

(十一)豹纹东方鲀(*Fugu pardalis* Temminck et Schlehel)(鲀科)

形态特征:背鳍12～13;臀鳍10～11;胸鳍15～16;尾鳍10(8分支)。

体亚圆筒形,向后渐细狭;体长为体高3～4.1倍,为体宽

2.9～4.0 倍，为头长 3.0～3.5 倍。头中长，圆凸；头长为吻长 2.6～3.1 倍，为眼径 4.7～6.0 倍。额骨长与宽约相等；额骨纵走隆起线向侧方延伸，达额骨游离边缘中前部。吻圆钝而短。眼中大，上侧位；眼间隔宽平，头长为眼间隔 1.6～2.5 倍。鼻孔每侧 2 个，鼻瓣呈卵圆形突出，距眼比距淘端为近。口小，前位，平横。上、下颌各具 2 个喙状牙板，中央缝明显。唇发达，细裂。鳃孔中大，侧位，直列，裂缝状，位于胸鳍基底前方，较胸鳍基为短。

头部及体背、腹面均无小刺，皮肤具瘤状皮质小突起。侧线发达，上侧位，至尾部下弯于尾柄中央。侧线分支多条。体侧皮褶发达。

背鳍 1 个，镰刀状，始于臀鳍稍前上方，具 12～13 鳍条。臀鳍与背鳍相似，具 10～11 鳍条。胸鳍宽短，侧位，近方形。后缘圆凹。尾鳍截形，后缘略凸。

体草绿色，背侧自吻部至尾鳍基部、侧面自眼下至尾基均有许多黑褐色斑点，斑径比瞳孔小。腹面白色。尾鳍后端橘红色。

分布：我国山东、辽宁和台湾省。朝鲜，日本，日本海。

习性：为近海底层食肉性杂鱼。每年春季 2～3 月由近海至沿岸产卵，产卵亲鱼体长在 200～380 毫米。

毒性：毒性强烈，卵巢和肝脏有猛毒。卵巢在产卵期毒力达 2 万～4 万单位。肝脏毒力在产卵期最高达 10 万单位，比卵巢还毒。皮肤含毒力极强，毒力最高达4 000 单位。精巢一般无毒，偶有弱毒的个体。肉及血液基本无毒。豹纹东方鲀的毒力及毒量在 2 月份产卵期间均很高，1 尾 350 克的鱼，其卵巢重 32 克，肝脏重 22 克，两者之总毒量可达 220 万单位，这样的毒量能使 1 人致死。因而食用豹纹东方鲀，中毒的危险性很大，必须由专职厨师慎重处理，弃去内脏、眼睛及皮肤，清洗干净，经长时间烹煮后才能食用。在我国台湾曾有食用豹纹东方鲀中毒的报道。

(十二)星点东方鲀(*Fugu niphobles* Joudan et Snyder)(鲀科)

地方名:艇巴,蜡头,龟鱼。

形态特征:背鳍 15~16;臀鳍 13~14;胸鳍 15~17;尾鳍 11(8 分支)。

体亚圆筒形,向后渐狭小;体长为体高 2.8~4.0 倍,为头长 2.8~3.2 倍。头中大,头长小于鳃孔至背鳍起点的距离;头长为吻长 2.3~2.7 倍,为眼径 6.0~9.0 倍。额骨长与宽约相等;额骨纵走隆起线向前延伸,不达前额骨后缘,仅达额骨前侧缘稍后;额骨后侧缘有 2 个突起。吻圆钝,吻长为眼径 2.3~3.9 倍。眼小,眼间隔宽而微凸。鼻孔每侧 2 个鼻瓣呈卵圆形突起。口小,前位。上、下颌各具 2 个喙状牙板。唇发达。鳃孔中大,鳃盖膜白色。皮肤较薄。

头部与体背、腹被均被小刺,刺极微弱,背刺区与腹刺区分离。吻部、尾部及头体两侧均光滑。侧线发达,上侧位,至尾部下弯于尾柄中央。侧线分支多条。体侧皮褶发达。

背鳍 1 个,略呈镰刀状,始于肛门后上方,具 15~16 鳍条。臀鳍与背鳍同形,基底几与背鳍基底相对,具 13~14 鳍条。胸鳍宽短,上部鳍条较长。尾鳍截形。

体色草绿、褐绿或蛋青色,腹面白色。体色斑点不随个体增长而变异。背侧具许多乳白色小斑点;胸鳍后上方体侧具一扁平形大黑斑;与背面黑褐色横纹相连;背鳍基底及尾部具一黑斑。体侧皮褶区黄色,各鳍淡黄色,尾鳍后端附近杏黄色。

分布:我国沿海。朝鲜,日本,日本海。

习性:为西北太平洋沿岸暖温性近海底层食肉性杂鱼,喜栖于近海海藻丛生的海区及河口附近。以贝类、甲壳类等为食。个体较小,体长在 150 毫米以内。产卵期约在 3 月,卵径 0.5 毫米左右;体长 105~115 毫米者,怀卵量 26 000~43 000 粒。

毒性:肝脏、肠及卵巢有猛毒;肝脏全年有毒,毒力一般为 4 万单位,偶有达10万单位的猛毒;肠全年有毒,毒力一般为4 000～2万单位,也有达4万单位的;卵巢毒力变化大,一般为2万～4万单位。精巢有弱毒,毒力在1 000单位左右。皮肤全年有毒,毒力不高。肉基本无毒,偶有毒力200或400单位的例子。本种鱼类卵、肝脏等毒力较强,比较突出的是肠的毒力很高,精巢有毒,在其他鲀科鱼类中很少见。

(十三)铅点东方鲀(*Fugu alboplumbeus* Richardson)(鲀科)

地方名:艇巴,蜡头,花龟鱼。

形态特征:背鳍12～13;臀鳍11～12;胸鳍15～16。

体亚圆筒形;体长为体高2.9～4.3倍,为头长3.0～3.5倍。头中长,头长为吻长2.3～2.8倍,为眼径4.5～5.7倍。额骨长大于宽,额骨纵走隆起线斜向前方延伸,到中部后接近额骨游离边缘前方,渐消失不明显。吻圆钝,吻长为眼径2.0～2.4倍。眼较小;眼间隔宽平,头长为眼间隔2.0～2.5倍。鼻孔每侧2个,鼻瓣呈卵圆形突起。口小,前位。上、下颌各具2个喙状牙板。唇发达,细裂。鳃孔中大,位于胸鳍基底前方。鳃盖膜白色。

头部及体背、腹面均密被小刺,小刺强,背刺区与腹刺区连接成一片。吻部、眼下部、尾柄侧腹面及背鳍基底光滑。侧线发达,上侧位,至尾部下弯于尾柄中部。侧线分支多条。体侧皮褶发达。

背鳍略呈镰刀形,始于肛门后上方,具12～13鳍条。臀鳍与背鳍同形,基底几相对,具11～12鳍条。胸鳍宽短,近方形。尾鳍截形。

头及体背侧面黄褐色,散布大小不一的淡绿色圆斑;圆斑边缘黄褐色,形成网纹。在眼间隔、颈部、胸鳍后上方的背部、背鳍前方和基部以及尾柄上具6条黑褐色宽横纹。胸鳍后上方黑斑不显著,与背部横纹相连合;背鳍基底黑斑与最后第二条横纹连合。腹面白色。体侧下方黄色。背鳍及尾鳍为黄绿色。尾鳍后端灰褐色。胸鳍及臀鳍黄色。鳃腔黄色。

分布:我国沿海。朝鲜,印度尼西亚。

习性:为暖温性底层食肉性杂鱼。主食贝类、甲壳类、头足类和小鱼。体长一般为 150 毫米左右。

毒性:卵巢和肝脏有猛毒,肝脏毒力比卵巢强。卵巢毒力为 2 万单位,肝脏毒力可由 1 万～10 万单位。2 月份产卵期间,1 尾体重 250 克的铅点东方鲀,其卵巢 22 克,总含毒量达 44 万单位,肝脏总含毒量由 14 万单位高达 100 万单位,卵巢及肝脏两者合计总含毒量可达 155 万单位,能使 7 人以上致死。精巢、皮肤及肠为强毒,肉一般无毒,也有发现毒力具 100～400 单位的个体。福建东庠渔民认为该鱼有剧毒,为当地产各种鲀科鱼类中毒性最强者。

(十四)横纹东方鲀(*Fugu oblongus* Bloch)(鲀科)

地方名:乖鱼,花龙乖,沙龟鱼,黄花鱼,花龟。

形态特征:背鳍 12～14;臀鳍 10～12;胸鳍 16～17。

体亚圆筒形,向后渐细小;体长为体高 3.5～4.2 倍,为头长 2.8～3.1 倍。头中长,头长约等于背鳍起点至尾鳍基的距离;头长为吻长 2.5～3.1 倍,为眼径 4.8～6.9 倍。额骨长大于宽;额骨纵走隆起线向前延伸,到中部后逐渐消失不明显。吻圆钝,吻长为眼径 2.0～2.3 倍,稍短于眼后头长。眼小,眼间隔宽平,头长为眼间隔 1.8～2.3 倍。鼻孔每侧 2 个,鼻瓣呈卵圆形突起。口小,前位。上下颌各具 2 个喙状牙板。唇发达。鳃孔中大,位于胸鳍基底前方。鳃盖膜白色。

头部及体背、腹面均被小刺,小刺强,背刺区与腹刺区在胸鳍前和胸鳍后互相连接。侧线发达,上侧位,至尾部下弯于尾柄中央。侧线具分支多条。体侧下缘皮褶发达。

背鳍 1 个,镰刀形,始于肛门后上方,具 12～14 鳍条。臀鳍与背鳍同形,起点稍后于背鳍起点,具 10～12 鳍条。胸鳍宽短,略近方形,上部鳍条较长。尾鳍截形。

头体背侧淡黄褐色,中央有许多不规则淡黄小斑,背面及侧面具 10 对以上黄褐色横带，横带向下延伸，横带之间具黄色小点或细纹；头部几对横带较狭窄，紧列；鳃孔以后横带较宽；头部背面前方正中横带连合，具许多黄色小斑。侧下方及唇部全为黄色。腹侧白色。各鳍黄色，微红。鳃腔白色。

分布：我国常见于东海和南海。菲律宾，马来半岛，印度尼西亚，美拉尼西亚，波利尼西亚，印度，非洲东岸。

习性：为近海底层食肉性鱼类，以甲壳类、贝类和小鱼为食，春季由外海游向沿岸产卵，冬季移向外海，在北部湾较常见，春季在北海市产量较大。

毒性：内脏有剧毒。加工时应除净。

(十五)弓斑东方鲀(*Fugu ocellatus* Linnaeus)(鲀科)

形态特征：背鳍 14～15；臀鳍 12；胸鳍 18～19。

体亚圆筒形，向后渐细小；体长为体高 2.6～3.6 倍，为头长 2.8～3.1 倍。头中大，头长约等于鳃孔至背鳍起点的距离；头长为吻长 2.2～2.6 倍，为眼径 4.0～5.5 倍。额骨长与宽约相等；额骨纵走隆起线向前中部延伸，逐渐靠拢，在前方几至汇合，不达前额骨后缘。吻圆钝，吻长为眼径 1.8～2.2 倍，约等于眼后头长。眼中大；眼间隔宽而微凸。鼻孔每侧 2 个，鼻瓣呈卵圆形突起。口小，前位。上、下颌各具 2 个喙状牙板。唇发达，细裂，下唇较长，两端向上弯曲。鳃孔侧位，位于胸鳍基底前方。鳃盖膜白色。

头部及体背、腹面均具小刺，小刺细弱，背刺区与腹刺区分离。吻部、头体两侧及尾部光滑。侧线发达，上侧位，至尾部下弯于尾柄中央。侧线分支多条。体侧皮褶发达。

背鳍 1 个，略呈镰刀状，位于肛门后上方，具 14～15 鳍条。臀鳍与背鳍同形，基底几相对，具 12 鳍条。胸鳍宽短，近方形。尾鳍截形。

头体背侧面灰褐色，微绿，腹面白色。体侧在胸鳍后上方有一横过背部的墨绿色鞍状斑，鞍状斑边缘围以橙色边；背鳍基部具一橙色边缘的圆形大黑斑。各鳍黄色。

分布:我国沿海。朝鲜。

习性:为近海底层食肉性鱼类,亦进入河口咸淡水区域,以贝类、甲壳类和小鱼为食。春季产卵。体长一般100～150毫米。

毒性:卵巢有强毒,肝脏、皮肤和肠的毒性亦较强。肌肉和精巢无毒。为药用鱼类,药效与虫纹东方鲀相同。

(十六)圆斑东方鲀(新种)(*Fugu orbimaculatus* Kuang, Li et Liang)(鲀科)

形态特征:背鳍13～14;臀鳍11～12;胸鳍16～17;脊椎骨21～22。

体亚圆筒形,向后渐细;体长为体高3.0～3.4倍,为头长3.0～3.6倍。头中大,头长为眼径4.3～6.7倍,为吻长3.2～3.6倍。吻钝圆,稍短于眼后头长。眼中等大,侧上位,眼间隔宽,微隆起。口小,端位,上下颌各具2块喙状牙板,中央缝明显。唇发达,下唇两端向上弯曲。鳃孔中大,鳃盖膜白色。

背面自鼻孔前缘至背鳍起点前方,腹面自眼前缘下方至肛门前方均被小刺。背面及腹面小刺区在体侧不相连。背鳍起点稍前于臀鳍起点,胸鳍宽短,近方形,上部鳍条较长。尾鳍截形。侧线发达,背侧支向后达尾柄末端,向前围绕眼眶达到吻上方,与另一背侧支相连;颈部具一横支连接两侧背侧支;眼后方具一分支向下达头侧中部;口角外侧具一下颌支向后达鳃孔前下方;腹侧支自胸鳍中部下方向后达尾柄末端。

腹腔大,白色。胃肠区别不明显,消化道长约等于体长。鳔大,气囊大。

液浸标本,背面淡褐色,体侧胸鳍后上方有一深褐色圆斑,斑径显著大于眼径。圆斑周围有一马蹄形淡色宽边缘。背鳍基部两侧各具一深褐色长椭圆形斑点,边缘淡色。背部具4条暗色横带:第一条窄而清楚,位于鼻孔稍前方;其余3条宽而模糊,分别位于眼间隔和体侧圆斑之间以及尾柄中部上方。各鳍淡色，背鳍和臀鳍末端淡褐色。

新鲜标本，背部黄绿色，腹部白色，各鳍透明，体侧淡色，无黄色纵带。

习性：栖息于珠江出海水道及河口咸淡水区。雌、雄个体体长达 110 毫米，性腺已成熟。体长 187 毫米雌鱼卵巢橘黄色，重量 8.5～10 克，怀卵量约 3 万粒。生活于中下层。摄食虾、贝类及水生昆虫幼虫等，食性颇杂，幼鱼常群集岸边浅水区觅食。

(十七)晕环东方鲀(新种)(*Fugu couonoidus* Ni et Li)(鲀科)

形态特征：背鳍 14～15，臀鳍 13，胸鳍 16～17，脊椎骨 22。

体呈亚圆筒形，向后渐细。体长为体高 2.9～3.9 倍，为头长 2.6～3.3 倍。头中大，头长为吻长 2.5～3.1 倍，为眼径 4.2～6.4 倍。吻钝圆，约等于眼后头长的一半。眼中大，侧上位。眼间隔宽，微隆起。口小，端位，上、下颌各具 2 块喙状牙板，中央缝明显。唇发达，下唇两端向上弯曲。鳃孔中大，鳃盖膜淡色。

背面自鼻孔后缘至背鳍起点稍前方、腹面自眼前缘下方至肛门稍前方，均被小刺；背面和腹面小刺分布区在体侧不相连；小刺不发达。背鳍起点稍前于臀鳍起点。胸鳍短宽，似倒梯形，上部鳍条较长。尾鳍后缘微圆形。侧线发达，背侧支向后伸达尾柄末端上方，向前围绕眼眶达到吻上方，与另一背侧支的吻上分支相连；颈部具一横支，在胸鳍前部上方与两侧背侧支相连接；眼后方具一横支，向下达头侧下部；腹侧支自口角外侧向后达鳃孔前缘下方，另一腹侧支自胸鳍中部下方向后达尾柄末端下方。

腹腔大，呈白色。胃肠区别不明显，消化道长约等于体长。鳔大，气囊大。

液浸成体标本，背面呈紫褐色，体侧胸鳍后上方具一深褐色圆斑，斑径显著大于眼径。圆斑周围具一淡色日晕状宽边。背鳍基部两侧各具一褐色半圆形斑点，靠近背鳍基部的一半呈深褐色。

斑点周围具一淡色模糊宽边缘。各鳍浅色。体长为 35 毫米的幼体标本,体背面具一条明显的暗褐色横带,与两侧圆斑相连;体长达 50 毫米的标本,此带变宽约与眼径相同;体长超过 150 毫米的标本,横带消失。大小标本均在肛门周围具一明显的白色边缘。

新鲜标本,背部呈黄褐色,腹部白色,背鳍和胸鳍为黄色,尾鳍前部呈淡黄色,后缘黄色。体侧下方自吻至尾柄具一条黄色纵带。

习性:栖息于长江口半咸水域,生活在中下层,摄食小型鱼类、虾类和贝类等。生殖期约为 5 月。成鱼体长可达 214 毫米。

三、非东方鲀属的经济河鲀鱼

(一)棕腹刺鲀(*Gastrophysus spadiceus* Richardson)(鲀科)

形态特征:背鳍 2+11~12;臀鳍 2+10~12;胸鳍 15~17。

体亚圆筒形,稍侧扁;向后渐狭小;体长为体高 2.6~3.5 倍,为头长 2.6~3.5 倍。头中大,稍侧扁;头长为眼径 3.5~4.2 倍,为吻长 2.4~2.6 倍。吻中长,钝圆,小于眼径 2 倍。眼中大,上侧位;眼间隔宽平,等于或小于眼径的 2 倍,长为眼间隔 2.1~2.4 倍。鼻孔每侧 2 个,紧位于鼻瓣的前后方,鼻瓣呈卵圆形突起。口小,前位,平横,上颌突出。上、下颌各具 2 个喙状牙板,中央缝显著。唇发达,边缘细裂。口隅具皮褶,其外侧具一深沟。鳃孔中大,弧形,位于胸鳍基底前方。

头体背面和腹面均被小刺,侧面光滑。背面刺群自吻后开始逐渐狭小,作三角形延伸,止于胸鳍鳍端上方,不伸达背鳍起点。腹面刺群始自鼻孔前下方,止于肛门前方。侧线发达,上侧位,至尾部下弯于尾柄中央。体侧下缘具皮褶。

背鳍 1 个,镰刀状,起点与肛门后方相对,具 2 不分支、11~12 分支鳍条。臀鳍起点稍后于背鳍起点,具 2 不分支、10~12 分支鳍条。胸鳍宽短,下侧位。尾鳍凹入。

头体背侧灰绿色,有时微黄。体侧及腹面白色,侧下方黄色,背面在眼后、前背部、背鳍基底下方及尾柄背侧常具云纹状暗色横带。有时背侧面深褐色,无斑纹。背鳍灰黄色,臀鳍及胸鳍黄色。尾鳍灰黑色,上下叶尖端灰白色。鳃腔淡褐色,鳃盖膜灰白色。

分布:我国产于东海和南海。日本,菲律宾,印度尼西亚。印度,非洲南部均有分布。

习性:为暖水性近海底层鱼类,主食贝类和甲壳类,但食饵种类因海区不同而异。福建闽中渔场的棕腹刺鲀以毛虾、小公鱼幼鱼、水母和马鲛鱼幼鱼等为食。春季产卵。体长一般以 180～220 毫米较常见。

毒性:关于棕腹刺鲀含毒问题,福田(1975)在分析研究日本所产的 10 种鲀科鱼类之后,认为棕腹刺鲀身体各部完全无毒。但据近年来的调查,认为该鱼的肝脏及卵巢含毒量虽不及其他鲀鱼强烈,但误食后仍可使人中毒致死。1975 年 4 月福建平潭某运输船 6 人误食棕腹刺鲀发生中毒事故。据调查,6 人吃鱼时曾同饮烧酒,酒能促使河鲀毒素在体内增加其作用而加速中毒者之死亡,因而 6 人未及食完就因中枢神经麻痹而死于餐桌旁。在我国台湾亦有食该鱼中毒之报道。

福建东庠渔民认为,棕腹刺鲀的肝脏、卵巢均有毒。在食用该鱼时,先除弃内脏、卵巢,斩去头部,洗净后用盐腌晒干供食用。有时卵巢也有人食用,但需盐腌后经长时间烧煮才可食用。鲜食其肉者较少,食时将肉洗净,用开水烧煮一段时间后,倒去汤汁,再重新下锅放佐料爆炒,然后长时间烧煮才能食用。鳔和皮可作药用。

(二)光兔鲀(*Lagocephalus inermis* Temminck et Schlegel)(鲀科)

形态特征:背鳍 2+10～12;臀鳍 2+8～10;胸鳍 16～18。

体粗大,亚圆筒形,后部稍侧扁,渐细小;体长为体高 3～3.4 倍,为头长 2.7～3 倍。头大,长表,略侧扁;头长约等于鳃孔至背鳍起点间的距离,为吻长 1.9～2.2 倍,为眼径 4.1～5.1 倍。吻颇长,前端钝端,吻长为眼径 2.5～3 倍。眼中大,上侧位;眼间隔宽

痊，直列，短弧形。

体除吻端及尾柄后部外均被小钝刺，小刺有时埋于皮下，不显著，但在肛门前方常有一群较大钝刺。侧线明显，位高，在臀鳍上方体侧处向下呈深波浪形弯曲。头部侧线分支多条。体侧无皮褶。

背鳍1个，圆刀形，始于肛门前缘上方，具1不分支、9分支鳍条。臀鳍与背鳍同形具1不分支、9～10分支鳍条。胸鳍宽短，扇形。尾鳍截形，后缘圆凸。

头体背侧绿褐色，并有白色小圆斑。鳃孔及胸鳍基由两白色环纹包围。腹面白色，稍带桃色，具17～22条黑褐色细波状纹，细纹在头部腹面连成网状。背鳍、臀鳍及胸鳍淡黄色，微绿。尾鳍淡绿色，尾柄部及尾鳍2/3处具白色小圆斑。鳃腔及肛门白色。鳃孔外缘及咽腔黑褐色。

分布：我国台湾和南海诸岛。日本，菲律宾，印度尼西亚，澳大利亚，夏威夷，巴拿马，印度，红海，非洲东岸。

毒性：为印度洋和太平洋热带底层鱼类。肝脏和卵巢毒性很大，皮肤和肠均有毒。在我国台湾和印度曾发生误食纹腹叉鼻鲀中毒甚至死亡的事例。肌肉无毒，经去除内脏、洗去血液，长时间烹煮后可以食用。

(五)黑斑叉鼻鲀(*Arothron nigropunctatus* Bloch et Schenider)(鲀科)

形态特征：背鳍1+9；臀鳍1+10；胸鳍18。

体卵圆形，稍侧扁，背、腹缘圆凸，尾部短，向后渐细狭；体长为体高1.6～2.4倍，为头长2.4～2.6倍。头稍大，钝圆，略侧扁，背、腹缘斜形；头长为吻长2.4～2.7倍，为眼径5.9～6.7倍。吻稍尖，背缘在鼻凸起处略凹。眼小，侧高位，距吻端比距鳃孔为近；眼间隔较宽，中央平坦，为眼径2.6～3.6倍。无鼻孔，每侧各有一深叉状皮质突起；突起位于眼的前内侧，距眼比距吻端为近。口小,前位。上、下颌各具2个喙状牙板,中央缝显著。唇发达;下唇较上唇长,两端向上弯达上唇外侧。鳃孔侧位,稍高,直列,短弧形。

除吻端及尾柄后端外,头体均被小刺。侧线细弱,弯弓状,位高,在臀鳍上方体侧处向下呈深波浪形弯曲。头部侧线具分支。体侧无皮褶。

背鳍1个,圆刀状,位于肛门后上方,具1不分支、9分支鳍条。臀鳍与背鳍同形,起点稍后于背鳍起点,具1不分支、10分支鳍条。胸鳍宽短,扇形。尾鳍截形,后缘圆凸。

体褐色或黄色,体侧及腹面有排列稀疏的小黑斑。背鳍、臀鳍及尾鳍淡黄褐色,边缘淡灰色。胸鳍草绿色,鳍基附近灰黑色。肛门黑色。鳃腔及鳃膜突起灰白色。口腔黑色。

分布:我国海南岛和南海诸岛有产。日本,菲律宾,马绍尔群岛,密克罗尼西亚,美拉尼西亚,新几内亚,澳大利亚,印度尼西亚,印度,红海及非洲东岸。

习性:为太平洋和印度洋热带底层鱼类,多栖于珊瑚礁附近,不常见。

毒性:肝脏有猛毒,其他部位之毒性研究尚不充分。在印度曾发生食黑斑叉鼻鲀中毒死亡的事例。

(六)九斑刺鲀(*Diodon novemaculatus* Bleeker)(刺鲀科)

形态特征:背鳍16;臀鳍15;胸鳍24。

体长卵圆形,稍平扁;体长为体高2.7倍,为头长2.5倍。尾部短小;尾柄细弱,后端略侧扁。头宽大,平扁;头长为吻长5.3倍,为眼径3.2倍。吻宽短,背缘斜。眼大,上侧位,距吻端比距鳃孔为近;眼间隔宽平,约为眼径1.9倍。眼上方有一须状皮质突起。鼻孔每侧2个,紧位于鼻瓣两侧;鼻瓣呈短触手状,距吻端约为距眼的2倍。口小,端位,上颌较下颌稍长。唇发达,细裂,下颌口角具一唇褶。鳃孔小,直列,侧位,位于胸鳍基底前方。

全体被长棘，吻部及尾柄光滑；前方诸棘各具2棘根，能活动；后方诸棘各有3棘根，不能活动。胸鳍后上方数棘最长。额棘短，比胸鳍后上方棘短，约为眼径之半。自吻端至背鳍前方具16～19棘。

背鳍1个，略呈长方形，始于肛门后上方，具16鳍条。臀鳍与背鳍同形，约位于背鳍的正下方，具15鳍条。胸鳍侧位，扇形，上部鳍条较长。尾鳍后缘圆形。

背侧黄褐色，具9个大黑斑，斑周缘为白色环纹状。头顶部有一黑色横斑；前背部两侧各具一椭圆形大斑；后背部中央具一卵圆形黑斑；背鳍基具一圆斑；头两侧的眼下和胸鳍基前方各有2个黑色横斑。体侧黄褐色，腹面黄白色。各鳍黄色，微绿。口腔、鳃腔白色。

分布：我国产于南海。印度尼西亚，新几内亚。

习性：为西太平洋热带珊瑚礁附近食肉性底层鱼类，以海螺、虾、蟹等为食。

毒性：内脏及生殖腺有毒，毒性不详，一般不作食用。但西沙群岛渔民喜食其肝和肉。

（七）六刺斑鲀（*Diodon holacanthus* Linnaeus）（刺鲀科）

地方名：刺乖，刺龟。

形态特征：背鳍13；臀鳍13；胸鳍22～23。

体宽短，稍平扁；体长为体高2.3～3.2倍，为头长2.6～3倍。头宽平；头长为吻长3.8～4.8倍，为眼径2.9～3.7倍。吻宽短，前端三角形突出，小于眼径。眼大，上侧位，距吻端比距鳃孔为近；眼间隔宽平或中央微凹，约为眼径2.5倍，头长为眼间隔1.3～1.5倍。鼻孔每侧2个，紧位于鼻瓣两侧；鼻瓣呈短触手状，距眼比距吻端稍近。口小，端位；上颌较下颌稍长。上、下颌各具1个喙状牙板，无中央缝。唇发达，细裂。下颌口角具一唇褶。鳃孔小，直列，中侧位，位于胸鳍基底前方。

全体均被长棘，吻部及尾柄光滑。棘基具2棘，能活动。额棘很长，比胸鳍后方棘为长。为眼径的1.5～2倍，吻端至背鳍前方具14～17棘。

背鳍1个，略呈长方形，起点稍前于臀鳍起点，具13鳍条。臀鳍与背鳍同形，具13鳍条。胸鳍侧位，略呈方形。尾鳍后缘圆形。

浸六刺斑鲀标本体色：背侧面灰褐色，具6个黑色斑纹和许多小斑点。眼间隔有一黑色横纹，有时中断；头后部有一黑色宽纹；胸鳍上方有一黑色斑块；背鳍前方有一黑色横斑，背鳍基底有一黑色圆斑。黑色斑点一般散布于背侧面，有时也稀疏地见之于腹面上。腹面白色。各鳍灰白色。背鳍有时具少数黑色。口腔鳃腔均为白色。

分布：我国沿海。朝鲜，日本，澳大利亚，波利尼西亚，印度，非洲南部，北美洲太平洋沿岸，南美西北部。

习性：为太平洋、大西洋及印度洋各热带海内食肉性底层鱼类，以寄居蟹、大型甲壳类为食。遇敌害时，其气囊能使头腹部膨大似球状，各棘亦坚直，以作自卫。在南海很常见。

毒性：内脏及生殖腺等有毒，渔民认为其肉亦有毒，不能食用，故大都用作肥料。在我国台湾曾发生食六斑刺鲀中毒的事例。

(八)暗鳍腹刺鲀(*Gastrophysus gloveri* Abe et Tabeta)(鲀科)

形态特征：背前及腹面均具强小棘，体背黑蓝色，尾鳍上下叶末端白色，胸鳍暗色。成鱼身长可达400毫米的中型种。

分布：我国东海、南海。日本，印澳群岛至印度洋热带海域。

毒性：筋肉、皮、精巢均无毒，伍献文等(1978)报道南海产者卵巢、肝脏剧毒。

(九)密沟鲀(*Liosaccus cutaneus* Gunther)

形态特征：体表光滑无棘，密布细沟纹，体背灰绿色，具多个模糊暗色小斑，尾鳍下叶末端具白斑。成鱼身长可达400毫米左右的中型种。

分布:我国南海。日本南部,印澳群岛,西太平洋热带海域。

毒性:筋肉、皮、精巢均无毒。

(十)密斑刺鲀(*Diodon hystix* Linnaeus)(刺鲀科)

形态特征:体具大型长刺,体黄褐色,密布小黑色斑点,各鳍均色,具小黑色斑点。成鱼身长可达 800 毫米以上的大型种。

分布:我国南海。西太平洋热带海域。

毒性:筋肉、皮、精巢均无毒。

(十一)斑鳍短刺鲀(*Chilomycterus affinis* Gunther)(刺鲀科)

形态特征:体表均具短强刺,体灰白色,体侧具 4 条黑色斑块。各鳍灰青色,具多个黑色小斑点。成鱼身长可达 600 毫米的大型种。

分布:我国南海。太平洋西部热带海域。

毒性:筋肉、皮、精巢均无毒。

(十二)粒突箱鲀(*Ostracion tuberculatus* Linneaus)(箱鲀亚目)

形态特征:头体被体甲,四棱形,鳞转化为六角形骨板,幼体甲板各均具一蓝色斑点,随生长消失,体和各鳍均黄色。成鱼身长可达 400 毫米的中型种。

分布:我国南海。太平洋西部热带海域。

毒性:无毒可食用。

四、江苏常见东方鲀的特征及分布

(一)弓斑东方鲀(*Fugu ocellatus* Linnaeus)

地方名:河鲀、气泡鱼。

形态特征:背鳍条 14～17,臀鳍条 12～14。全长 94～175 毫米,体长 78～150 毫米,体重 29.4～104.8 克。见图 2-1。

体长为体高的 3.0～0.5 倍,为头长的 3.3～3.7 倍。头长为吻长的 2.7～2.8 倍,为眼径的 5.2～7.2 倍,为眼间距的 1.9～2.0 倍。

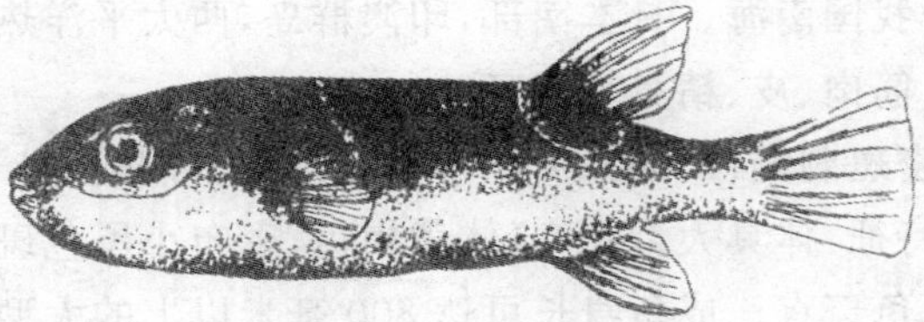

图 2-1 弓斑东方鲀

体前部圆筒状,后部渐细。吻钝圆。口小,端位。唇发达,下唇两端向上弯曲于上唇两侧。两颌各具 2 个板状门齿,中缝明显。眼侧上位。两对鼻孔较大,位于眼的前内方。鳃孔小,较胸鳍基部短,竖裂于胸鳍基前方。头部、体背及腹部具细弱小刺,背刺区与腹刺区分离。侧线发达,上侧位,后弯至尾柄正中。在胸鳍下侧有一腹支,伸达尾鳍基部。背鳍与臀鳍几相对。无腹鳍。胸鳍近方形。尾鳍截形,后缘微凸。

体草绿色,在胸鳍后上方有一横跨背部的墨绿色鞍状斑,周缘围以橙色边。背鳍基部亦有一较大的围以橙色边的大斑。

生态习性:为近海中下层鱼类,亦可进入淡水生活,喜居于水色较清的水域。遇敌害时,气囊鼓胀,腹部向上,体上小刺竖起,借以自卫,摄食动物性食物,如甲壳类、贝类、幼鱼等,春季繁殖。

地理分布:分布于江苏省沿海、长江口及其他河口区,亦可进入淡水湖泊。

(二)星点东方鲀(*Fugu niphobles* Jordan et Snyder)

地方名:河鲀、气泡鱼。

形态特征:背鳍条 13~14,臀鳍条 12~13。全长 34~160 毫米,体长 28~132 毫米,体重 1.0~61.2 克。见图 2-2。

体长为体高的 2.8~4.0 倍,为头长的 2.8~3.2 倍。头长为吻长的 2.3~2.7 倍,为眼径的 6.0~9.0 倍,为眼间距的 1.9~2.1 倍。

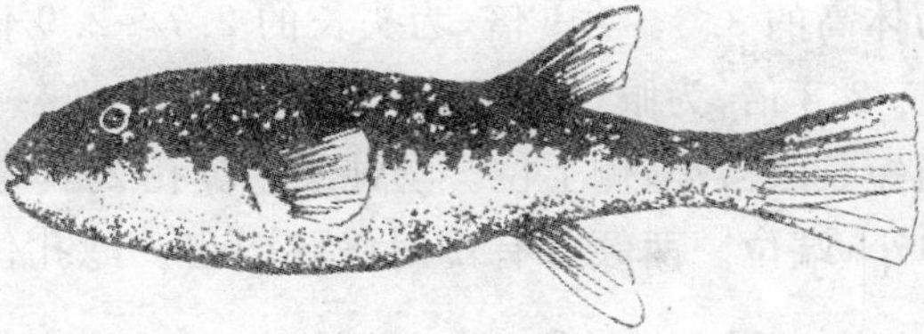

图 2-2 星点东方鲀

体近梭形，头和躯体粗圆，尾部渐尖。眼小，上侧位。口小，端位。上、下颌各有 1 对板状门齿，中缝明显。唇发达，下唇较上唇长，两端向上弯曲。鳃孔比胸鳍基短，呈直立缝状。

头部、体背、腹部均有不伸出皮外的极微弱小刺，在体背后端绕过背鳍两侧尚有延伸的弱刺，背刺区与腹刺区分离。体色斑点不随个体增长而发生变异。侧线显著，上侧位，向后弯至尾柄正中。体侧下方尚有一腹支，伸达尾鳍基部。背鳍小刀状，与臀鳍几相对。臀鳍位略后。胸鳍短，近方形。尾鳍截形，后缘微凸。

体草绿色或褐绿色，体背侧散有许多乳白色小斑点，胸鳍后上方具有一个扁圆形黑斑，背鳍基部亦有一黑斑。

(三)菊黄东方鲀(*Fugu flavidus* Li, Wang et Wang)

地方名：河鲀。

形态特征：背鳍条 14～15，臀鳍条 13～15。全长 95～130 毫米，体长 77～108 毫米，体重 18.4～59.2 克。见图 2-3。

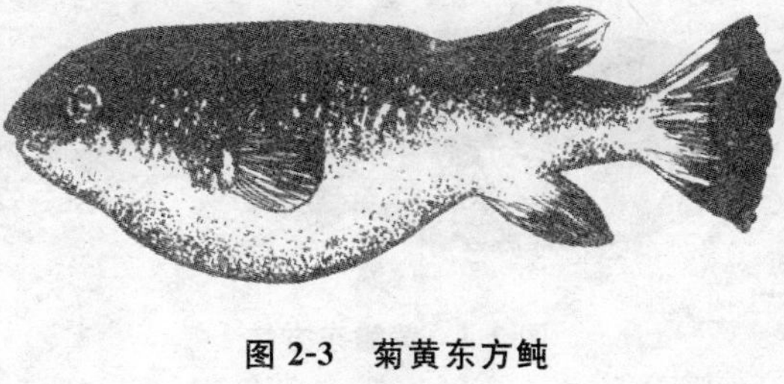

图 2-3 菊黄东方鲀

体长为体高的 3.3～4.1 倍，为头长的 2.7～2.9 倍。头长为吻长的 2.2～2.8 倍，为眼径的 7.2～8.9 倍。

体较粗短。眼微小，侧上位。吻钝圆。鼻孔 2 个，鼻瓣呈卵圆形突起。口小，端位。两颌各有 1 对喙状门齿。鳃孔位于胸鳍基部前方。

体背面、腹面均有较强小刺，背刺区与腹刺区分离，背刺区呈舌状，前端开始于眼间隔中央，后端离背鳍起点尚有一定距离。

体背侧散布白色不规则圆斑，在胸鳍后部体侧且横长黑斑，此斑常为胸鳍末端所掩盖，胸鳍基部两侧各有一小黑斑，体侧深黄色。

体色和斑纹有变异，白色斑点随体长增长而逐渐不清。过去有些作者曾将菊黄东方鲀体上具有白斑的幼鱼与星点东方鲀相混淆。菊黄东方鲀皮刺很强，体色斑点随体长增长而变异，体侧黑斑横长形。星点东方鲀皮刺很弱，体背后端绕过背鳍两侧尚有弱皮刺；体色斑点不随体长增长而变异，体侧黑斑扁平形。

地理分布：见于江苏省沿海及河口区域，为本省新纪录。

(四)黄鳍东方鲀(条纹东方鲀)(*Fugu xanthopterus* Temminck et Schlegel)

地方名：青郎鸡。

形态特征：背鳍条 15～18；臀鳍条 14～16。脊椎骨 20～21。全长 81～350 毫米；体长 65～290 毫米；体重 7.6～750 克。见图 2-4。

图 2-4 黄鳍东方鲀

体长为体高的 3.1～3.8 倍，为头长的 2.8～3.4 倍。头长为吻长的 2.2～2.8 倍，为眼径的 4.2～7.7 倍，为眼间距的 1.7～2.3 倍。

身体椭圆形稍延长，前部钝圆，后部减小。眼较大，侧上位。头部及体背、腹面均被较强小刺，吻部、体侧及尾部光滑。背刺区与腹刺区分离。背鳍起点稍前于臀鳍，胸鳍呈方形，无腹鳍，尾鳍截形。侧线显著，上侧位。

体背侧深蓝色，具 3～4 条弧形浅色条纹，后部位侧两条与背缘平行。体侧橘黄色，腹面白色。背鳍基底部具有一深蓝色大斑，周缘白色，各鳍橘黄色，胸鳍基部两侧各有一大黑斑。

地理分布：分布于江苏省沿海，每年 2～3 月在长江口及其他河口咸淡水区域产卵。

(五)铅点东方鲀(*Fugu alboplumbeus* Richardson)

形态特征：背鳍条 13～14；臀鳍条 12～13。全长 122～200 毫米；体长 98～165 毫米；体重 35～181 克。见图 2-5。

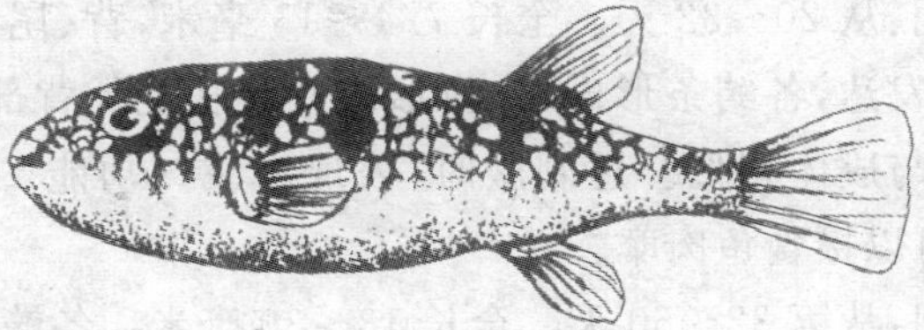

图 2-5　铅点东方鲀

体长为体高的 2.9～4.3 倍，为头长的 3.0～3.5 倍。头长为吻长的 2.3～2.8 倍，为眼径的 4.5～5.7 倍，为眼间距的 2.0～2.5 倍。

体长呈梭形，前部钝圆，尾部尖细。口端位，唇发达，下唇两端向上弯曲，上、下颌各有一对板状门齿，中缝明显。眼小，侧上位。鳃孔位于胸鳍基部前方，鳃孔内膜外露。头部、体背、腹部均密被小刺，背刺区与腹刺区连成一片。背鳍与臀鳍相对，为圆镰刀状。胸鳍近方形。尾鳍截形，后缘微凸。

体黄褐色，体背、体侧散布许多大小不一的乳白色斑。斑的直径大部分大于斑间距，体有 6 条宽狭不等和深浅不一的暗色斑纹，横跨背部及两侧。

繁殖与生长：产黏性卵，呈圆球形。卵径 1.14～1.17 毫米，油球平均直径 0.742 毫米。人工授精，水温需在 15～16.2℃。受精后约经 11 天孵化仔鱼。

前仔鱼期：孵化后第 7 天卵黄消失。仔鱼全长 3.180～4.028 毫米，体色发黑，已开口，卵黄囊很大，胸鳍膜发达，在水表层作水平游泳。消化道初步分化成胃、肠、直肠各部。表现出明显的趋光性。开始觅食，以牡蛎幼体和轮虫等为食。

后仔鱼期：从第 8～19 天。全长 4.293～7.400 毫米。体上黑色素细胞逐渐增多，背、尾、臀鳍褶逐步分化，胸鳍膜扩大，尾柄上的鳍褶消失。5 毫米以上的仔鱼能主动选食卤虫、无节幼虫等。

稚鱼期：从 20～32 天。全长 7.4～13 毫米，背、尾、臀鳍分化完善，胸鳍发达，各鳍条形成，牙齿形成并具功能。背部黑色素增多，外形已与成体相似。遇刺激时，表现出鼓气功能。12 毫米以上的稚鱼可以摄食鱼肉糜。

幼鱼期：从第 32～60 天。全长 13～30 毫米。各鳍分化完全，对活饵表现出强烈的攻击性，常往人影或声响方向迅速集中，对音响反应敏锐，投饵时亦迅速集中抢食。培养 90 天，最大个体体长可达 70 毫米。

地理分布：底层肉食性鱼类，分布于江苏省沿海，亦可进入河口咸淡水区域。

(六)暗纹东方鲀(暗色东方鲀)(*Fugu obscurus* Abe)

地方名：吹肚鱼、气泡鱼、鲀鱼、斑华。古称杀鯸鲐、鱼规鱼等。

形态特征：背鳍条 15～17；臀鳍条 14～15。脊椎骨 21～24。

全长 71～215 毫米；体长 68～182 毫米；体重 7.2～196.2 克。见图 2-6。

图 2-6　暗纹东方鲀

体长为体高的 2.7～4.2 倍，为头长的 2.8～3.7 倍。头长为吻长的 2.0～3.1 倍，为眼间径的 8.5～10.5 倍，为眼间距的1.5～2.2 倍。

身体椭圆形，前部钝圆，尾部狭小。吻部短而圆。口端位，横裂。眼小，侧上位。鼻孔 1 对，显著。每个鼻孔表面由鼻瓣分隔成两孔，相互沟通。口唇发达，下唇两端向上弯曲在上唇的外侧。两颌各有 1 对板状门齿，中缝明显。鳃孔 1 对，位于胸鳍基部前方。背鳍靠后，与臀鳍几乎相对。无腹鳍。尾鳍平截。侧线明显，每侧 2 条，分别位于背腹侧。头部多分支。体背、腹面均被小刺，背侧区与腹侧区在眼后部相连。

体背及上侧部具灰褐色横带纹 4～5 条，下侧部及腹部橘黄色至白色。胸鳍上方及背鳍基部各有一块大黑斑。臀鳍黄色。背鳍、胸鳍和尾鳍后缘均呈灰褐色。

体色和条纹随体长不同而有变异。幼体背部暗色宽纹上散布许多白色小点，随体长增长，白点由不明显而至消失，暗纹也较淡。

生态习性：为江海洄游性鱼类。栖于水域的中下层，遇到外敌，腹部气囊迅速膨胀，使身体呈球状，漂浮水面；同时皮肤上的小刺竖起，借以自卫。每年 2 月下旬至 3 月下旬性成熟的亲鱼成群由东海进入长江直至中游江段或洞庭湖、鄱阳湖水系产卵。幼鱼在江河或通江湖泊中育肥，到翌年春天返至海中，也有直接入海的，在海中生长发育至性成熟后再进入长江产卵。

属杂食性鱼类，食物范围很广。动物性食物包括鱼、蟹、虾、螺、蚌、昆虫幼虫、枝角类、桡足类等；植物性食物包括高等植物叶片、丝状藻类等。幼鱼食性稍不同于成鱼，主要以浮游动物和其他鱼苗为食。太湖里的幼鱼几乎全以象鼻蚤为食，体长在 55 毫米以上的幼鱼，食性与成鱼基本相同。

繁殖与生长：繁殖力很强。繁殖期在每年 4～6 月，成熟卵巢为淡紫红色，左右侧卵巢的大小不等，一般左大右小，卵粒充满卵黄，因而不透明，卵径在 0.9～1.0 毫米。为沉性卵。怀卵量一般为 14 万～30 万粒，多者可达 120 万粒。精巢大，乳白色，Ⅳ期末的精巢楹软，轻压腹部即能流出精液。受精卵经 6～7 天孵化出仔鱼，从刚孵化出的仔鱼到卵黄囊吸收共约 6 天。

经济意义：沿海地区终年可以捕获，长江中下游在春夏之间出现，为捕捞对象之一，20 世纪 80 年代江苏省年产量可达 750 吨。肉味鲜美，脂肪和蛋白质含量都很高，除供鲜食外，腌制后为河鲀干，味亦佳美。江阴人善于烹调，有专门菜馆销售。但其皮肤、生殖腺、肝、血液含有毒素，特别是在生殖期间，食用最为危险，因为生殖腺活动和毒性之间有明显的关系。

(七)虫纹东方鲀(*Fugu vermicularis* Temminck et Schlegel)

形态特征：背鳍条 14～15；臀鳍条 12～13。脊椎骨 20～21；体长 47～260 毫米。见图 2-7。

体长为体高的 3.0～4.1 倍，为头长的 3.0～3.4 倍，头长为吻长的 1.9～2.7 倍，为眼径的 3.6～5.3 倍，为眼间距的 1.7～2.2 倍。

身体椭圆稍延长，前部钝圆，后部渐小。吻钝圆，口小，端位，两颌 1 对板状门齿。唇发达，下唇较长，两端向上弯曲，眼中等

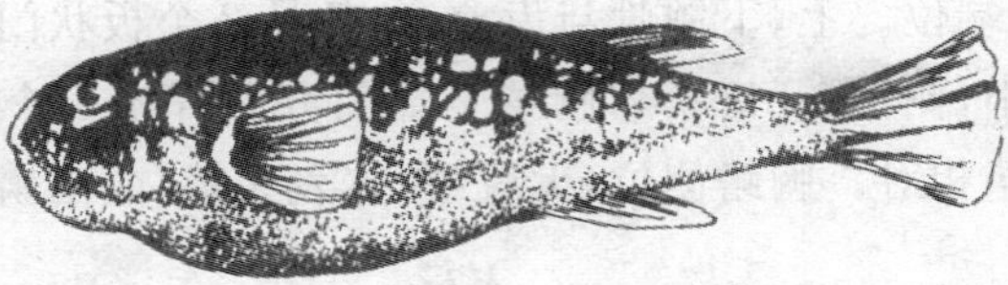

图 2-7　虫纹东方鲀

大，侧上位。鳃孔侧位，短于胸鳍基部。

头及体光滑无刺，体背部有陷埋于皮肤中的小刺。侧线显著，上侧位，至尾部向下弯至尾柄正中。侧线在头部具分支，腹面在肛门外侧开始有一腹支，伸达尾鳍基部。背鳍在肛门起点后上方，臀鳍与背鳍相似而位略后。胸鳍短，近方形。无腹鳍。尾鳍截形，后缘略凸。

体背褐色，体侧黄色，腹面白色。背侧具大小不一的白斑，在侧线下部多呈条状或虫纹状。体色和斑纹不随体长增长而变化。

地理分布：分布于江苏省沿海及通海江河河口区。

鲀形目中各亚目及主要科之间的区别如下：

鳞鲀亚目(Balistoidei)：具腰带骨；背鳍及腹鳍具鳍棘；齿呈门齿状，不愈合成齿板。

箱鲀亚目(Ostracioidei)：无腰带骨；无腹鳍；背鳍无鳍棘，齿不愈合；体被骨板，形成体甲。

翻车鲀亚目(Moloidae)：体甚侧偏；后端截形；无尾柄；无气囊；无鳔。

鲀亚目(Tetraodontoidei)：齿愈合为 2～4 个齿板；体被小刺或裸露，体一般呈亚圆筒形；有尾柄；具气囊；有鳔。

鲀科(Tetraodontidae)：上、下颌齿板有中央缝；体光滑或具小刺。

刺鲀科(Diodontidae)：上、下颌齿板无中央缝；体被粗棘。

综上，鲀科鱼类的特征是：体粗短，前部胖圆，尾部变细。头及吻宽钝，口端位。上、下颌骨与齿愈合，各具2个板状门齿，中缝明显。鳃孔小，侧位，开口紧靠胸鳍基部前方。背鳍1个，靠近尾柄前部与臀鳍相对。胸鳍侧位，无腹鳍，体表无鳞，或由鳞变成细刺，侧线完全。

五、小结

在常见的众多经济鱼类中，河鲀鱼包括的品种繁多，不同品种的毒性及形状不一，品种鉴别是项重要工作，其鉴别方法一般是依其外部特征。在我国主要的是东方鲀（分布在黄海、东海）和刺鲀（分布在东海、南海）的许多品种。

中国东方鲀属鱼类的地理分布很广，印度洋和北太平洋都有分布，各鱼种的分布情况见表2-1。

表2-1 中国东方鲀属鱼类地理分布表

种类	印度洋	北太平洋							
		印度尼西亚	菲律宾	中国			朝鲜	日本	前苏联
				南海	东海	黄海			
豹纹东方鲀（*Fugu pardalis* Temminck et Schlegel）						+	+	+	+
紫色东方鲀（*Fugu porphyreus* Temminck et Schlegel）					+	+	+	+	+
虫纹东方鲀（*Fugu vermicularis* Temminck et Schlegel）				+	+	+	+	+	
星点东方鲀（*Fugu niphobles* Fordqn et Snyder）				+	+	+	+	+	+
弓斑东方鲀（*Fugu ocellatuls* Linnaeus）				+	+	+	+		
墨绿东方鲀（*Fugu basilevskianus* Basilewsky）						+			

续表 2-1

种类	印度洋	北太平洋							
		印度尼西亚	菲律宾	中国			朝鲜	日本	前苏联
				南海	东海	黄海			
网纹东方鲀(*Fugu reticularis* Tien, Cheng et Wang)					+	+			
假睛东方鲀(*Fugu pseudommus* Chu)					+	+	(+)	+	
红鳍东方鲀(*Fugu rubripes* Temminck et Schlegel)					+	+	+	+	+
菊黄东方鲀(*Fugu flavidus* Li, Wang et Wang)					+	+			
暗纹东方鲀(*Fugu obscurus* Abe)					+	+	(+)		
双斑东方鲀(*Fugu bimaculatus* Richardson)					+	+			
黄鳍东方鲀(*Fugu xanthopterus* Temminck et Schlegel)					+	+	+	+	
铅点东方鲀(*Fugu alboplumbeus* Richardson)			(+)	(+)	+	+	+		
横纹东方鲀(*Fugu oblongus* Bloth)			+	+	+				
圆斑东方鲀(*Takifugu orbimaculatus* Kuang, Li et Liang)					+				
晕环东方鲀(*Fugu coronoidus* Ni et Li)					+				

注:+——有分布;(+)——可能有分布。

中国东鲀属鱼类种间关系的讨论及鲀属鱼类树谱系图见图 2-8。

首先,我们认为额骨长大于额骨宽,皮刺发达,背刺区与腹刺

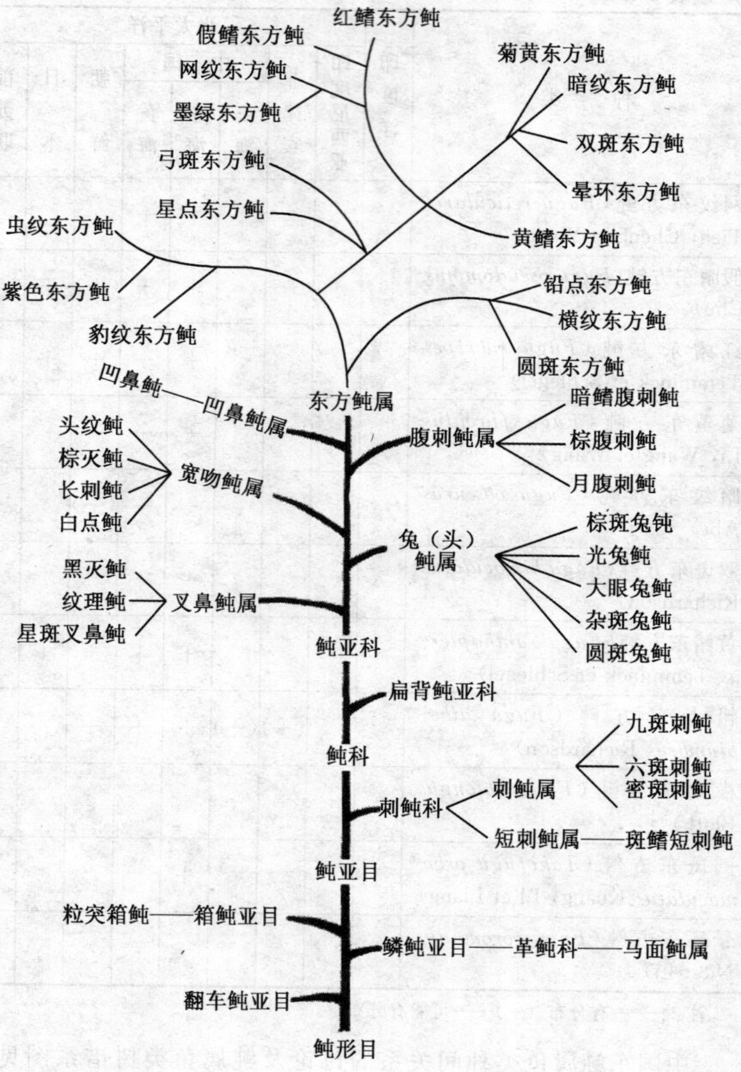

图 2-8　鲀属鱼类树谱系图

区相连接，地理分布向南可达到印度洋的种类为一大支，这一大支包括有铅点东方鲀和横纹东方鲀两种。

另一大支的额骨长与宽约相等，皮刺或无或有，地理分布局限于北太平洋西部。这一大支里种类繁多，可再分 6 个小分支。

第一小支包括有豹纹东方鲀、紫色东方鲀和虫纹东方鲀。其额骨隆起线向前侧方延伸，达到额骨游离边缘中部或前部，在隆起线弯曲部形成一条凹。皮肤光滑无刺。地理分布偏北，可达日本海一带。

第二小支只有星点东方鲀一种。额骨纵走隆起线向前方延伸，不达前额骨后缘，隆起线后侧各有一尖突。皮刺细弱。体型较小。在我国沿海直至日本海均有分布。

第三小支只有弓斑东方鲀一种。额骨纵走隆起线斜向前中部，逐渐靠拢而不达前额骨后缘，以致额骨隆起面甚狭小。皮刺细弱。体型小。分布于我国及朝鲜沿海。

第四小支的额骨背面平坦，骨纹较明显，额骨纵走隆起线伸向前方，达到前额骨后中部。包括皮刺细弱，仅产于我国的有墨绿东方鲀和网纹东方鲀两个地方种和皮刺强、以东海和黄海为分布中心的假睛东方鲀，以及主要分布于日本沿岸的红鳍东方鲀。

第五小支的额骨纵走隆起线向前方延伸，达前额骨后方。额骨外侧游离边缘甚狭小，呈缺刻状。皮刺较强。包括分布于我国沿海并可进入河口或定居淡水的暗纹东方鲀以及分布于东海和黄海的菊黄东方鲀和在我国沿海皆有分布的双斑东方鲀。

第六小支的头骨特征明显，额骨后缘有 4 个刺状突起，前额骨宽大。皮刺强大。仅包括广泛分布于中国、日本沿海的黄鳍东方鲀。

晕环东方鲀颅骨类型属暗纹东鲀形，主要分布于长江口，可归于第五小支；圆斑东方鲀颅骨类型属横纹东方鲀形，主要分布于珠江口，可归于第一小支。

分布在我国东海、南海的刺鲀等品种也较多,且也有一定经济价值和产量,其地理分布见表 2-2。

表 2-2 其他种类河鲀鱼的地理分布

种类	朝鲜	太平洋	新几内亚	中国			日本	菲律宾	印度尼西亚	印度	非洲		马来半岛	红海	印度洋	澳大利亚
				黄海	东海	南海					南部	东部				
棕腹刺鲀						+	+	+	+	+	+					
月腹刺鲀						+	+						+	+	+	
光兔鲀						+	+		+	+	+					+
星斑叉鼻鲀		+													+	
纹腹叉鼻鲀		+				+	+	+	+			+		+	+	+
黑斑叉鼻鲀		+	+			+	+	+	+			+		+	+	+
九斑刺鲀			+			+			+							+
六斑刺鲀	+	+		+	+	+				+	+				+	
暗鳍腹刺鲀					+	+			+						+	
密沟鲀					+	+			+						+	
密斑刺鲀		+				+										
斑鳍短刺鲀		+				+										
粒突箱鲀		+				+										

第三章　河鲀鱼的人工繁殖

中国的河鲀鱼的增养殖生产于20世纪60年代就开始研究，当时由于天然产量高，经济价值较低，特别是于20世纪80年代初"水产品卫生管理办法"明文规定禁止河鲀鱼鲜品上市，因此没有继续发展。到90年代初，河鲀渔业资源衰退，天然河鲀鱼越捕越少，致使市场供需失去平衡。为了弥补这一缺憾，以满足消费者的需求，水产养殖专家重新开始河鲀鱼的增养殖研究，并取得了显著的经济效益。除此，我国台湾养殖红鳍东方鲀的历史也较早。日本的山口县自1960年开始人工繁苗试验，1963年创建苗种中心，1964年开始苗种生产，1965年中断了生产，1973年当年河鲀苗养成尾重300克的成体，引起了全国的反响。1974年河鲀养殖在关西各县兴起，由于受1976年200海里设立的影响，河鲀养殖又被重视起来。20世纪80年代养殖产量激增，至1989年产量达1 657吨，产值约8 000万美元，产量已占市场消费量的20%～30%，养殖18个月的河鲀尾重大部分可达1 000克的商品规格。在日本，养殖河鲀鱼的售价仅为天然河鲀鱼的一半，深受消费者欢迎，社会效益颇佳。

在我国沿海地区河鲀鱼人工繁殖技术已基本完善，利用池塘养殖也获得了成功，其成本远比海上网箱养殖要便宜得多。近年河鲀养殖业得到了迅猛发展。根据河鲀的食用安全的需要，同时根据河鲀的生活习性，养殖条件、水域环境、饵料条件以及市场需求和消费者爱好，一般选择国际市场上最受欢迎的红鳍东方鲀和假睛东方鲀，因为这两种河鲀鱼个体较大，肉质细嫩，用来做生鱼片独具美味，在日本备受推崇，价格较高。

在历史上占河鲀美食文化重要地位的长江洄游性河鲀—暗纹东方鲀则在华东地区长江沿线受到极大的重视。继沿海河鲀养殖之后，20 世纪 90 年代则重新开展了增养殖生产，并已达到了一定规模。

一、繁苗场的建设

以假睛东方鲀、红鳍东方鲀和暗纹东方鲀 3 个品种的人工繁殖条件而言，河鲀鱼人工繁殖和苗种培育生产前期主要在室内进行，属于一种新兴的规模生产，集约化经营，设备、技术条件均有一定要求，不仅需要充足的海淡水水源、丰富的饵料基础和良好的送气、控温设施，而且需要先进的技术和多项配套服务，因此搞好河鲀的人工繁殖和苗种培育，必须十分重视繁苗场的建设，坚持严格选点，科学规划，注重配套，确保繁苗场的建设达到技术先进、生产配套、高产优质的要求。

(一)场地选择

利用天然海水进行假睛东方鲀、红鳍东方鲀人工繁殖和苗种培育的育苗场场地宜选择在海水资源丰富、水质良好、没有工业污染的海边或海口处进行建设，并且要通电、通路，有条件的地方最好利用海边热电厂的余热或地热深井水进行工厂化育苗生产，也可以利用沿海的河蟹育苗场、养鳗场、对虾育苗场的设施进行改造。利用淡水进行暗纹东方鲀人工繁殖和苗种培育的，则应选在淡水水源充沛、水质优良无污染、交通便利、靠近电源的地方建场，也可以利用虾苗场、淡水人工繁殖场的设施加以改造和利用。

(二)繁苗场用水的质量指标

河鲀的亲鱼培育、人工授精、孵化出苗、苗种培育都必须在

海水或淡水中进行,水质条件的好坏对河鲀人工繁殖和苗种培育有着直接的影响,通常用作河鲀鱼育苗的水质需符合以下条件:

1. 海水条件

①海水的 pH 值为 7.8～8.8;②海水盐度为 25‰～33‰;③溶解氧不低于 4 毫克/升;④氨氮(NH_3-N)不高于 5.5×10^{-4}毫克/升;⑤海水中的重金属离子含量不能超标。

2. 淡水条件

①淡水的 pH 值为 7～8.2;②淡水盐度小于 3‰～5‰;③氨氮(NH_3-N)不高于 2 毫克/升;④溶解氧不低于 5 毫克/升;⑤淡水中的重金属离子含量不能超标。

(三)繁苗场的主要设施

1. 供水系统　通常有水泵房、蓄水池、沉淀池、高位池(或水塔、深水井、进水管道网和排水管道网)所组成。一般的繁苗场的设计是与成鱼生产配套的,因此,可以根据当地的实际情况,即生产规模,资金力量来因地制宜地开展设计和布局。泵房由海水泵房和淡水泵房构成。海水泵房由水泵、电机、管道组成,直接抽取海水,一般要求抽水 3 小时灌满蓄水池为宜。淡水泵房由水泵、深水井及管道构成,搞淡水河鲀繁殖的也可以直接抽用淡水,进行调温使用。

2. 供热控温系统　由锅炉及管道组成,专门为育苗池和饵料培育池调温。除锅炉外,还可以用地热水工厂余热水等方法,一般结合鱼种成鱼越冬设计,每 1 000 米^2 配套蒸发量每小时 1 吨的锅炉 1 台。加热管道必须用不含重金属及有害物质的热镀锌管为宜。

3. 供电系统　由电源、配电房、低压线路等组成。除此还应备用一套柴油发电机组,发电容量按繁苗时所需总负荷量(含照明)而定,保证繁苗工作的正常进行。

4.供气增氧系统　主要是给繁苗水槽、孵化缸和亲鱼培育池及鱼种、成鱼越冬池送气增氧。为了节约能耗,可以多配备几种类型的充气机械,如繁苗阶段生产规模大则直接利用越冬池用的2.2～5.0千瓦的大型供气系统,若批量小,则另外用小型充气机。另外,每种机型的充气机械(罗茨鼓风机、小型充气机)都应多配1台,机械故障时备用。

5.饵料培育系统　实践证明,培育大量鲜活生物饵料供河鲀鱼苗前期和后期摄食,是提高河鲀鱼苗成活率的重要措施,轮虫、卤虫等活饵料都必须有专门的设施进行生产。

①轮虫培育池有室外土池和塑料大棚池两种,前期由于水温低,主要有塑料大棚土池培育,面积0.3～0.6亩,水深1.2米,有条件的也可用砖砌壁。后期气温逐渐上升,可用露天土池培育轮虫,土池面积0.5～1.5亩均可,水深1.5～2.0米,繁苗量少的也可直接在鱼池中捞取。

②卤虫孵化池可用室内长条形水泥池10～20米^2,水深1.3～1.5米,也可用孵化桶、孵化缸来孵化卤虫。

6.亲鱼培育及孵化系统　根据亲鱼收集的量,设计3米×6米或1.5米×3米,水深1米的水泥池,内壁及池底必须光滑,池上部设遮光布,池内设充气管、热气管,并有进水口、排污、溢水口等。

孵化器设计直径60～80厘米,高60厘米的圆锥形筛绢网(80目)和直径100厘米、高70厘米的圆形水槽,水槽底部呈漏斗状,锥底部接水源和控制水阀或直接放入用筛包裹的充气纱头,也可以用一般鱼类繁殖用的孵化设施(图3-1、图3-2、图3-3)。

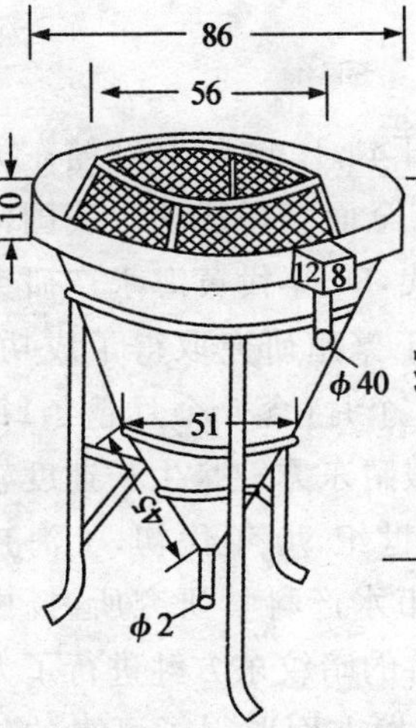

图 3-1　孵化桶(单位:厘米)

(引自《池塘养鱼学》)

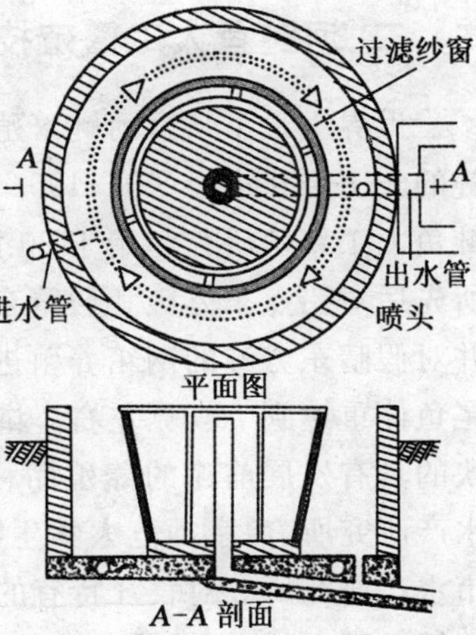

图 3-2　圆形孵化环道

(引自《池塘养鱼学》)

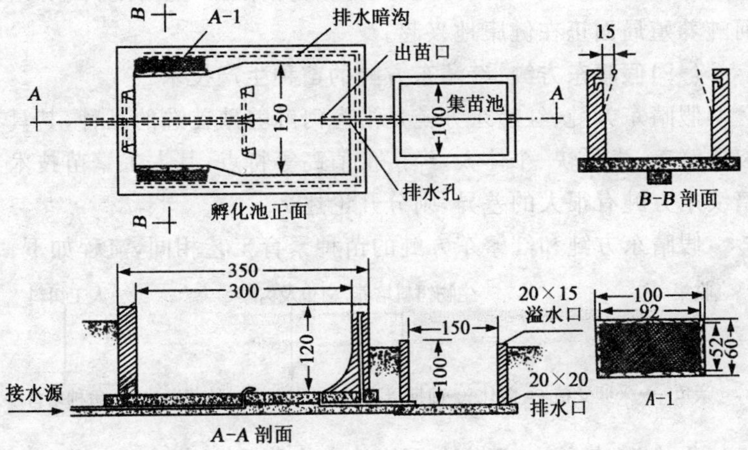

图 3-3　孵化槽(单位:厘米)

(引自《家鱼人工繁殖技术》)

二、河鲀鱼人工繁殖技术

世界上最早从事河鲀繁殖育苗的是日本，1960 年对红鳍东方鲀的人工孵化进行研究，1964 年育苗生产全面获得成功。我国河鲀鱼人工繁殖研究起始于 20 世纪 60 年代，80 年代黄海水产研究所先后对铅点东方鲀和假睛东方鲀的人工繁殖研究取得了成功，并对假睛东方鲀的网箱养殖进行探讨，18 个月（含 5 个月越冬）每尾鱼体重达到 750 克左右。试验证明了假睛东方鲀是生长速度较快的具有发展前途的养殖品种之一。20 世纪 90 年代初，上海市水产研究所、南京师范大学生物系、南京市水产科学研究所、扬中市水产研究所等对长江特有的行生殖洄游的暗纹东方鲀进行了人工繁殖研究，并在育苗养殖技术研究和开发方面取得了可喜的成就。由于暗纹东方鲀野生亲鱼资源的紧缺，有关科研部门正在对暗纹东方鲀的全人工繁殖进行深入研究。由此可见，我国一个以沿海红鳍东方鲀、假睛东方鲀养殖，长江沿线以暗纹东方鲀养殖的河鲀养殖局面正在健康地兴起。

（一）假睛东方鲀、红鳍东方鲀的苗种生产技术

假睛东方鲀、红鳍东方鲀是沿海河鲀养殖首选的品种，其具有肉质鲜美、生长快、个体大、经济价值高等特点，其人工繁苗技术与暗纹东方鲀有很大的差异，则分开论述。

假睛东方鲀和红鳍东方鲀的苗种繁育工艺相同，流程如下：

亲鱼（收集）→采卵受精→孵化→前期培育（生物饵料培养）→后期培育（卤虫及肉糜）→种苗出池→鱼种培育（人工饵料）

1. 红鳍东方鲀、假睛东方鲀的生物学习性

（1）红鳍东方鲀的生物学习性

①习性：近海底层食肉性鱼类。性成熟期最小体长，雄鱼为

350毫米，雌鱼为360毫米。产卵3～5月。3千克以下雌鱼怀卵量约为每千克体重10万粒，3千克以上个体重为每千克体重30万粒。

②产卵与孵化：产卵期为3月下旬至5月上旬，产卵场水深20米，盐度32‰～33‰。卵为沉性黏着卵，球形，卵形1.09～1.20毫米，多油球，卵膜厚，表面有不规则的波状裂纹。卵黄无龟裂。受精后2小时形成胚盘，2.5小时进行第一次分裂。150～152小时，仔鱼孵出。

③仔鱼发育：初孵仔鱼2.88毫米；4天龄仔鱼全长3.37毫米，开口；7天龄仔鱼，全长3.74毫米，开始主动摄食；14天龄仔鱼全长3.76毫米，在5毫米左右开始自相撕咬残食。

(2)假睛东方鲀的生物学习性

①习性：肉食性，繁殖期为5月，产卵盛期短，仅10天左右。产卵场水温14～18℃，盐度33‰。成熟雌鱼30～50厘米，3^{+}－5龄；雄鱼25～45厘米，3^{+}－4龄。怀卵量每千克体重60万粒左右。卵沉性，卵径1.20～1.38毫米，多油球，在16～17℃，9～10天孵出。

②仔鱼发育：初孵仔鱼全长2.4～2.6毫米，孵化后3天开口；孵化后5天，全长3.2～3.8毫米，开始摄食轮虫和贝类幼体；孵化后10天，全长5毫米，仔鱼开始能在离水时吸气，使腹部膨大如球状；孵化后16天，全长6.5毫米，游泳加快，集群明显；孵化后25天，全长18～20毫米，鳍发育完好，门齿发育，已变态为幼鱼。

2.亲鱼收集及暂养　收集质量高的亲鱼是苗种生产的关键，亲鱼选择的标准是健壮无伤，性腺发育在Ⅳ期，雌鱼腹部明显膨胀，手感松软，生殖孔发红。雄鱼有少量精液可以挤出。目前国内假睛东方鲀亲鱼来源仅靠海上捕捞，尚无人工亲鱼之例，一般在亲鱼产卵季节的20天左右专人或专船到产卵场收购或捕捞。

收集到的亲鱼，应立即置于帆布桶内运回育苗场，运输的要求是5～8千克/米^3，少装快运，保持水中4毫克/升以上的溶氧，有条件的应用纱布袋裹住亲鱼后充氧运输，装鱼量根据路途与时间的长短，可以每袋装1～2千克。

当亲鱼运到育苗场后，可用万分之一的高锰酸钾溶液浸泡5～10分钟，以免受伤感染，然后按雌雄比例1∶2放入亲鱼暂养池暂养。放养密度为1～2千克/米^3。暂养期间采取流水饲养，日换水量2～3次，弱光饲养，1～2天内不投饵或少投饵，同时避免惊扰，保持环境安静，暂养亲鱼受环境变化的影响，性腺很容易退化，管理时要勤检查，暂养亲鱼产卵率一般只有10%左右。

3. 采卵　假睛东方鲀属溢性产卵型鱼类，产沉性卵，受精卵入水后具黏性，易聚集成块。卵淡黄色不透明，卵径1.20～1.38毫米，内有大小不一的油球数百个。

(1)人工授精：性腺发展至五期的成熟亲鱼应及时进行人工授精。一般在捕获亲鱼后的数小时内在亲鱼收购现场进行采卵。用干法或湿法人工授精均可。具体做法如下：两人配合操作，先用温纱布将鱼头部蒙住，一人提亲鱼头部(使腹部向下)，另一个左手抓住尾部。右手自上向下(向生殖孔方向)缓缓推挤腹部，成熟卵即会顺利流淌出来，把卵挤入搪瓷盆或其他光滑容器内。然后加入精液，再用羽毛轻轻搅拌均匀，静止5～10分钟后，换水数次，至水清为止。由于假睛东方鲀是一种溢性产卵型鱼类，采卵时应一次全部采净。

(2)人工催产：对接近成熟的亲鱼(四期中及四期末的亲鱼)可用药物进行人工催产，促使其快速成熟。主要催产药物有促黄体释放激素类似物(LRH-A)和人绒毛膜促性腺激素(HCG)。两者单独使用或混合使用均可。注射剂量为：a. LRH-A：100～150微克/千克；b. HCG：2 000～2 500国际单位/千克；c. LRH-A：50～100微克＋HCG 1 000国际单位/千克。

注射时可加适量维生素B_1或维生素C。雄鱼剂量应减半。

注射部位分腹部肌肉注射(背鳍基部肌肉下1～2厘米)和胸腔注射(注射针头从胸鳍基部向胸腔内与身体呈45度角插入0.5～1厘米),以胸腔注射效应快。

注射后的亲鱼按雌雄比例1∶2单独放养于池中,要加强管理及时检查(可连续充气便于观察产卵)。催产效应时间一般为48～96小时,产卵多在凌晨进行,产卵后立即将受精卵收集起来计数孵化。若催产后发育良好,但不能自行产卵应及时进行人工采卵授精。

(3)自行产卵:捕获的亲鱼经过一段时间的精心暂养,有一部分亲鱼可在池中自行产卵。自行产卵的亲鱼虽然不多(约10%),但所产的卵子质量好,受精率高。亲鱼产卵后要及时将卵收集起来,淘洗干净,计数(重量法或容量法),然后置于孵化器中孵化。

(4)受精卵的运输:在亲鱼渔获现场获得的受精卵要及时运回育苗场,一般采用20升的塑料充氧袋装运,先在袋内加入5～10升新鲜海水,然后放入受精卵20万～40万粒,充足氧气后扎紧袋口,远距离运输时,可在充氧袋中加抗生素(氯霉素50毫克/升)以防止细菌繁殖。运输途中温差应控制在±1℃,可将充氧袋放入盛有海水的容器中,并需遮光运输。

(5)受精卵的确认:假睛东方鲀因原膜不透明,刚受精时外观较难确认,受精数小时后逐渐变硬而结实,1～2天后,未受精卵会变成黄色,表面粗糙,易被捏碎,而受精卵则为乳白色或淡黄色,卵硬膜光滑形似珍珠,发育卵的容积和重量略有减少。卵子继续发育可透过卵膜看到卵内出现小黑点(为眼睛,称发眼期)。用显微镜观察时,可取少量卵用次氯酸钠除去卵膜观察,通过观察可推算出受精率。

4. 孵化　河鲀鱼卵是比重大于海水的沉性卵,因此河鲀受精卵的孵化方法与鲷类、鲆鲽类不同,孵化时需采用充气或流水的方法,使卵子浮起,避免沉底结块。

(1)孵化方法:孵化器采用直径 60～80 厘米、高 60 厘米的圆锥形筛绢网(80 目左右)和直径 100 厘米、高 70 厘米底部呈漏斗状的圆形水槽。保持连续充气和微流水,水槽顶部出水,这样受精卵可在网内随水流不断活动,避免了沉底结块又保证了良好的水质。

(2)孵化条件:孵化在光照强度为 500～800 勒克斯的弱光下进行,温度 14～20℃,盐度 32‰左右。在一定范围内,随水温升高孵化速度加快,但孵化率会随之降低。孵化周期 16～17℃时需 9～10 天,19～21℃时需 6～7 天。

(3)孵化仔鱼的分离:鱼孵出后要及时与卵分离,移入水质好的培苗池中。分离时先停止充气和流水,使卵子下沉,仔鱼上浮至表层,用虹吸管将仔鱼吸出计数后移入培苗池中培育。剩余卵子继续孵化,受精卵中若混有死卵,不仅污染水质,而且会推迟孵化时间,因此坏卵多时应将其分离。方法是:轻轻搅拌海水,使卵在孵化器中旋转。比重小的死卵会集中到表层中央,即可轻易去掉。从部分仔鱼开始孵出到孵化全部结束,一般需 3～4 天时间。第一天孵出的数量较少,只有 10%左右;第二天则大量孵出,约占 70%;第三、第四天孵出 20%左右。

5.胚胎发育及仔稚鱼特征　河鲀受精卵不透明,用次氯酸钠处理时卵子即被杀死而中止发育,故连续观察较困难。现将 13～22℃水温条件下,胚胎发育及仔稚幼鱼形态简述如下:

受精后 15 小时为多细胞期。受精后 36 小时为高夹胚期。受精后 42 小时为低夹胚期。受精后 4 天为发眼期,胚体下包 1/2。受精后 5 天,胚体下包 2/3,胚体活动频繁。受精后 6 天为初孵仔鱼。

初孵仔鱼全长 2.4～2.6 毫米,卵黄大,油球表面分布有大量黄色素细胞。仔鱼腹部有大量黑色素细胞,眼睛大,口凹小,体圆而粗短。胸鳍原基形成。孵化后 3 天,仔鱼全长 2.7～3.3 毫米。

平均 3.0 毫米，已平口，口径 300 微米左右，上、下颌不发达，卵黄夹尚存 1/2。孵化后 5 天，全长 3.2～3.8 毫米，平均 3.4 毫米，卵黄夹消失，少数尚存少许。已摄食轮虫和贝类幼体。孵化后 10 天，全长 5 毫米左右，胸鳍较发达，臀鳍鳍褶已分化，此时仔鱼开始具“鼓气”习性，使腹部膨大如球状，开始摄食卤虫幼体。孵化后 16 天，仔鱼全长 6.5 毫米左右，大者近 8 毫米，进入稚鱼期，背鳍、尾鳍、臀鳍开始分化，稚齿形成，腹部前方出现大量“小皮刺”。此时游泳速度加快，集群明显。饵料主要是卤虫幼体。孵化后 25 天，全长 18～20 毫米，各鳍发育完善。呈黄色，背部青绿色，左右胸鳍上方各有一白色圆圈状的“大圆斑”，口腔上下各有两块发达的门齿，已变态为幼鱼。摄食卤虫成体或虾鱼肉糜等。

6. 鱼苗培育　仔鱼孵出后，即刻分离放入室内培育池（槽）中培育，整个培育过程分前期培育和后期培育。各阶段对环境条件、培育密度、饵料种类及数量要求各有不同，特别是在饵料供应上要求严格，以免相互残食。整个培育过程各种饵料均交叉转换，特别是由活饵料向鲜饵料转换时转换期应相对拉长。

（1）前期培育：初期仔鱼在室内小水体中培育至 5～6 毫米，一般需要 10～15 天。

①培育条件。容器：采用 1～2 米^3 的玻璃钢水槽或小水泥池培养。容器内壁深色为宜；光照强度：经弱光培育为佳，500～1 000 勒克斯；水温：15～20℃，pH 7.8～8.8，溶解氧不低于 8 豪克/升，可进行微充气；培养密度：2 万～3 万尾初孵鱼/米^3 为宜。

②饵料。仔鱼孵出后第 3 天后开口，口裂约 300 微米，可以轮虫为开口饵料进行投喂，这时仔鱼体内的卵黄已消耗过半。由内源性营养转向外源性营养，开始摄食轮虫或贝类幼体等饵料。轮虫投喂量按培育水体中 10～20 个/毫升投喂，以仔鱼摄食后培育水体中仍残留 2～5 个轮虫/毫升为宜，每天投喂 3～5 次。假睛东方鲀仔鱼的摄食量较大，全长 3.8 毫米的鱼日摄食量为 250～270

个轮虫。在培育期间应注意观察仔鱼摄食情况,随全长的增加而加投喂量。保证饵料充足,避免个体之间产生大小差异,这对后期培育减轻相互残食,提高成活率极为重要。

当鱼苗全长达5毫米时,可补充投喂卤虫幼体或桡足类。前期培育成活率一般在50%～60%。

③日常管理。前期培育采取静水培育,每天换水2～3次,每次换水1/3～1/2,换水在投饵前进行,每天吸底1～2次,光照强时应设天幕遮光,注意水质的检测和生长摄食的观察,发现问题及时采取措施。

④中间出池。随着仔鱼的生长,到5～6毫米时个体间将产生差异,同时由于前期培育密度较大,影响生长速度,因此应及时移入大水体小密度进行后期培育。

出池时将培育池水放掉大半,将鱼苗用手抄网捞于桶内,或直接用桶捞取,计数后移入后期培育池,由于前期培育水体小,操作较方便,而且河鲀耐性较强,这种操作不会对鱼体产生影响。

(2)后期培育:为避免个体差异和密度过大造成相互残食,在仔鱼长到5～6毫米时要降低密度进行后期培育,后期培育可在室内或室外大水泥池中进行。

①培育用水泥池:一般为方形抹角池,深度1米左右,大小为20～60米^{3}均可;光照强度:鱼全长50毫米以后对强光的适应力增强,在室外露天池中也可培育。室内培育时可撤掉天幕,这样也有利于温度的升高;水温:后期培育时水温以20～28℃为宜。水温高时生长速度加快;放苗密度:后期培育密度不能过高,一般以1 500～2 500尾/米^{3}为宜。

②饵料:以卤虫幼体或桡足类为主,开始时可补充投喂部分轮虫。随鱼苗的生长增加饵料的投喂量和投喂次数,卤虫的投喂量为培育水体中0.1～0.3个/升,每天4～6次渐增。假睛东方鲀对卤虫幼体的摄食量较大,全长4.4毫米时,日摄食量40～50个/尾;

全长 5.9 毫米时，日摄食量 160～180 个/尾；全长 8.3 毫米时，日摄食量 370～400 个/尾；9～10 毫米时，开始投喂糠虾、鱼肉等鲜饵料，但要用卤虫幼体和成体配合投喂，以后用鲜冻饵料培养至出池。7～8 毫米后，鱼苗大小产生差异，相互残食加剧，这时要注意保证充足的饵料。

③生长发育及特性：5 毫米的鱼体色随光线的强弱而变浅或深，并出现“鼓气”习性和相互攻击现象，但残食尚不明显，全长 7～8 毫米时进入稚鱼期，牙齿初步形成，开始相互残食，并随生长残食加剧。被攻击者“鼓气”自卫直到被咬死，这时鱼苗的残废率增高。12 毫米以上的鱼苗，各器官基本发育完善，转入中下层活动和摄食；全长 18 毫米左右，变态为幼鱼，外形基本同成鱼。进入后期培育后，生长速度明显加快，而室外又比室内略快，此期成活率为 35%～50%。

④日常管理：第一，换水及流水培育。开始换水每天 0.5～1 倍，8 毫米左右时换水量加大到每天 2 倍，投喂鲜冻饵料时水质易污染，应进行流水培育，换水量每天 2～4 倍；第二，连续充气，充气量中，流水时可停止充气，另外要增加投喂次数，特别是凌晨要及时投喂；第三，进入幼鱼期时可疏苗 1 次；第四，加强水质检测和病害的防治。

⑤出池：通常出池苗的规格为 20～30 毫米，此时鱼苗已完全进入幼鱼期，适应力加强，培育稳定，可及时出池作养殖和增殖用。另外也有以 10～50 毫米出池者，但幼鱼阶段的培育更应注意防止残食，最好进行海上暂养。

出池时将池水放出大半，然后用手抄网捞取或用两人小拉网拖取。集中于容器中计数后即刻运走，全长 20～30 毫米的苗种，重量差异较小，可用重量法计算，大规格苗种出池时应单尾计数。

⑥鱼苗运输：出池的鱼苗应及时运往养殖海区或放流海区。

目前苗种的运输主要用活水舱、充氧袋、帆布桶等工具进行船运或车运，运输时应注意缩短运输时间，保证溶氧充足，苗种规格一致。另外河鲀苗易分泌黏液污染水质，运输时要注意加强换水和充气。

7. 相互残食的防止　在苗种培育过程中发生残食现象的鱼类较多（如真鲷、黑鲷、牙鲆等），但是一般鱼苗的残食程度和发生频率较低，对成活率影响不大。然而河鲀不同，相互残食是其生理特征，从苗种生产初期到养殖结束，时常发生残食现象，由于相互残食会使成活率大大降低，严重时导致育苗失败，因此防止河鲀的相互残食是苗种生产的重要措施。

（1）发生相互残食的时间及大小：河鲀的相互残食并非是从孵化后就发生，而是长到全长 5～6 毫米以后，进入稚鱼期时开始的，此后随着个体的增大，牙齿的进一步发育残食现象逐渐加剧，其中以 10～30 毫米的鱼苗（孵化后 20～50 天）最严重。开始的残食只是轻轻捅眼前的鱼苗，鱼苗游离时常随后追尾频繁，并常出现数尾围攻的现象，进攻部位主要是尾部和腹部，被咬者受伤后常鼓气自卫，其腹部、尾部留有圆形口印，有的被咬死或食掉。

（2）相互残食的原因及对策

①个体差异：个体差异是引起相互残食的重要原因之一。大小相同的稚鱼在一起培养时不会产生残食或残食现象很轻，饱食状态下大小相同的稚鱼残食率低于 3%，即使饥饿 1～2 天，残食率仅提高到 6%～16%，但是若将大小不同的稚鱼混养一起，则残食率大幅度提高，大小相差 50%时，即使饵料充足，一天后残食率亦很大，个体相差越大，残食率越高。

②饵料不足：饵料的数量及种类是引起相互间残食的另一个重要因素，如前所述，饥饿鱼比饱食鱼残食率高，而且随饥饿时间的加长，残食率提高。总之，如何保持稚鱼的饱食状态是防止残食的重要措施。

（3）密度过大：由于后期培育鱼生长显著，个体增大则会使密度过大，不仅影响生长速度，又会造成个体差异和饵料不足，产生残食。生产中一般 10～15 毫米的鱼苗，1 500～2 000 尾/米^3，20～25 毫米的鱼苗，1 000 尾左右/米^3；30～35 毫米的鱼苗，600～800 尾/米^3；40 毫米的鱼苗，400 尾左右/米^3。达到出池规格的鱼苗，最好移入海中用网箱暂养。

(二)暗纹东方鲀的苗种生产技术

暗纹东方鲀在自然状况下属于有毒的洄游性鱼类，而人工养殖以后，其毒性有较大程度的降低。由于其肉质鲜美，脂肪和蛋白质含量高，富含人体必需的多种氨基酸、维生素和微量元素，因此，颇受消费者的欢迎。其生活习性特殊，与假睛东方鲀、红鳍东方鲀人工繁殖的差异是暗纹东方鲀在海水中性成熟后必须洄游到江汉、湖泊中产卵，幼鱼在通江河或通江湖泊中育肥，到翌年春天返到海中，也有直接入海的，在海中生长发育到性成熟后再进入长江产卵。因此，暗纹东方鲀则成了长江沿线人工养殖的热点。

暗纹东方鲀的苗种繁育工艺如下：

野生亲鱼收集 ↘
人工催产→受精→孵化→前期培育(室内)→后期培育(室外)→种苗出池→鱼种培育
人工培育亲鱼 ↗

1. 暗纹东方鲀的生物学习性

(1)习性：为江海洄游性鱼类，栖息于水域的中下层，杂食性鱼类，食物范围很广，遇到外敌，腹部气囊迅速膨胀，使身体呈球状，因皮肤上有小刺，则借以自卫。4～6 月繁殖，每千克怀卵 20 万～30 万粒。

(2)产卵与孵化：产卵期在每年的 4 月中旬至 6 月上旬，成熟卵巢为淡紫红色，左右侧卵巢的大小不等，左大右小，卵粒多油球，不透明，卵径 0.9～1.0 毫米。受精卵经 144～168 小时孵化出仔鱼，精巢大，乳白色，四期末的精巢松软，轻压腹部即能流出精液。

(3)仔鱼发育：初孵仔鱼2.2毫米，前6天借卵黄囊进行营养，6天后开始主动摄食轮虫等小型浮游动物，15天仔鱼全长3.5毫米，经40天培育长成2～3厘米的幼鱼。

2. 亲鱼的收集与暂养　亲鱼指已达到性成熟并能用于人工繁殖的种鱼，是鱼类人工繁殖决定性的物质基础。收集与暂养亲鱼的工作都围绕创造一切有利条件使亲鱼性腺向成熟方面发展。

(1)亲鱼收集：是指4～6月份在长江一带收集性腺成熟、从海里向长江洄游的野生亲鱼。相对来说，越是在长江上游的亲鱼，发育的越好，往往在南京向上，马鞍山一带收集到的亲鱼，人工繁殖的成功率较高。在亲鱼收集时，应选择身体健壮，无伤痕，性腺发育到四期，雌鱼腹部松软，明显膨胀，生殖孔微红，雄鱼有少量精液可以挤出为标准的亲鱼。亲鱼收集后根据亲鱼发育的情况和人工繁苗的条件，决定暂养时间的长短。亲鱼下池前先用百万分之一高锰酸钾溶液浸浴5～10分钟，再按1～2千克/米^{3}密度进行流水，弱光饲养，2天后可每天投喂亲鱼体重的5%左右虾仁或蚌肉等活性饵料。

(2)亲鱼的人工培育：由于近年来长江自然河鲀资源日趋贫乏，亲鱼的收集十分困难，在人工养殖的成鱼中选育体型佳、体型大、尾重400～500克以上健壮的个体作为后备亲鱼，在仿生态条件下进行人工培育，是将来解决暗纹东方鲀全人工繁殖与生产的最佳选择。

亲鱼培育的关键技术是在9～10月开始在培育池中合成人工海水，盐度控制在10‰～20‰，水温以17～20℃为佳，水深1～1.5米，放养密度1～2尾/米^3，采用流水暴气或气泵增氧措施，保证池水溶氧5毫克/升以上。3～5天排污或吸污一次，控制氨氮含量小于2毫克/升，亚硝酸盐含量小于0.2毫克/升。亲鱼培育期间尽量投喂杂鱼、虾类、蚌肉等活性饵料。到了4月初逐渐加入淡水，在 8～10 天中使培育水体淡化。当外界池水温度达到 16℃时可以移入水体较宽的池塘中培育。当水温达 20～22℃期间注意检查发育情况，一旦性腺发育成熟即可进行人工催产。

(3)催产孵化：当收集的野生亲鱼或人工培育的亲鱼性腺发育到四期中或四期末时，一般用人工合成释放激素（$LRH\text{-}A_2$ 或 $LRH\text{-}A_3$）加少量鲤鱼脑垂体(PG)混合注射。根据水温与成熟情况，每千克亲鱼雌体 LRH-A 用量 45～70 微克加 PG 3～8 毫克，方法可用二次注射法或三次注射法。雄鱼在末次注射，注射剂量为雌鱼的一半，如果雄鱼发育差，挤不出精液，可以与雌鱼一样打预备针，剂量略少于雌鱼。经激素末次催产后效应时间一般在 20～50 小时。

暗纹东方鲀受精卵的适宜孵化温度为 18～22℃，在适宜温度的范围内，孵化速度与温度成正比，孵化用水的水质对受精卵的发育也相当重要，特别是在孵化过程中，水中的溶解氧最好在 6 毫克/升以上。过强的直射光也能抑制受精卵的发育。孵化的方法主要有孵化桶流水孵化和粘卵板静水孵化两种方式。孵化过程中，每天用 1 毫克/升孔雀石绿泼洒，防止霉菌滋生，并去除未受精和霉变的卵。一般情况下，水温 20℃受精卵孵化成仔鱼需 120 小时。

(4)鱼苗培育：仔鱼孵出后，即分离到室内池培育，前 6～7 天仔鱼靠自身卵黄为营养，以后则可以以蛋黄和轮虫为开口饵料进行投喂。每天投喂 3 次，期间保证水质良好，饵料充足。当鱼苗长到 5 毫米时，可以投喂卤虫幼体或桡足类。日常管理中要每天换水 1～2 次，每次换水 1/4～1/3，每天吸污 1 次，并注意用黑布遮光。暗纹东方鲀仔鱼经 40 多天的培育长成体长 2～3 厘米的幼鱼，这时开始分塘，并转换人工配合饲料进行鱼种培育。

第四章　河鲀鱼的鱼种培育

河鲀鱼鱼种培育，就是把通过 25～30 天育苗期（前期培育 10～15 天，后期培育 10～15 天）培育，个体长到 2.5～3.0 厘米的幼鱼，培育成供池塘、网箱等水域养殖商品成鱼而放养的鱼种。河鲀鱼的鱼种培育在育苗期也属于鱼种培育阶段，由于其食性和培育条件的特殊性，则把育苗期（前期培育，后期培育）鱼种培育与人工繁殖一并论述，结合其生产性质，把食性开始转化的，规格 2.5～3.0 厘米，可供生产单位进行养殖的后期鱼种（夏花鱼种）培育成 50～150 克/尾以上的大规格鱼种的过程称为鱼种培育。

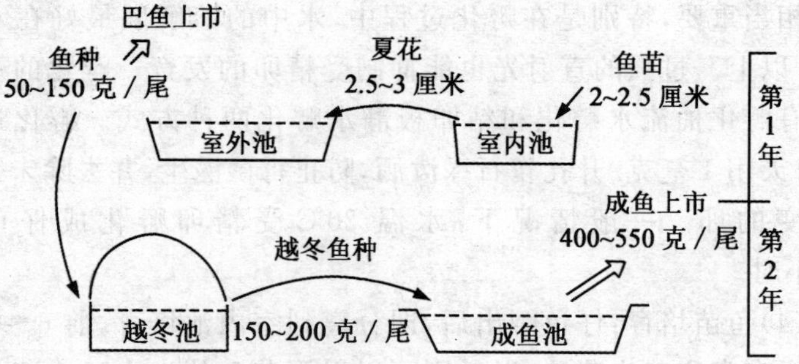

图 4-1　河鲀鱼的鱼种培育过程

一般初孵仔鱼全长 2～2.5 毫米，通过一个月的培育，全长达 2.5～3.0 厘米，此时称夏花鱼种。夏花鱼种在室外池培育一个月，全长可达 8～10 厘米（40～50 克/尾），也有的生产单位用夏花鱼种稀放，经一个半月培育养成 10～15 厘米（50～80 克/尾）大规格鱼种作为巴鱼，直接上市供食用。由于近年成鱼生产效益看好，大多数鱼种还必须进入温室进行越冬培养，为第二年成鱼生产提供大规格鱼种。

一、河鲀鱼种的生物学

（一）生命周期

河鲀鱼与其他鱼类一样，整个生命周期分为胚前、胚胎、胚后3个发育阶段。胚前期是性细胞发生和形成阶段，胚胎期是精、卵结合（受精）到鱼苗孵出阶段，胚后期是孵出的鱼苗到成鱼以至衰老死亡的阶段。

（二）胚后期的分期

1. 仔鱼期　仔鱼期的主要特征是鱼苗身体具有鳍褶。该期又可分仔鱼前期和仔鱼后期。仔鱼前期，口开始形成，肛门逐渐与消化道相通，但尚未能从外界摄取饵料，主要以卵黄囊营内源性营养；仔鱼后期，摄食器官如两颚齿开始机能化，肝、胰脏开始分化，前趋胃出现，幽门垂开始分化，仔鱼开始营外源性营养，捕食易于消化吸收的小型浮游动物如轮虫，此时的仔鱼为视觉摄食，主要在水体的中上层活动。

2. 稚鱼期　鳍褶完全消失，两颚齿逐渐发达，胃机能化，幽门垂分化，肠曲增加，消化吸收机能更为完善，捕食对象由小型浮游动物向大型浮游动物发展，如桡足类、枝角类等，河鲀鱼全长2.0～2.5厘米属于稚鱼期。

3. 幼鱼期　各鳍发育完善，呈黄色，背部青绿色，左右胸鳍上方各有一圆圈状的“大圆斑”，门齿发达，遇到惊动则会鼓起气囊，体型、体色和斑纹与成鱼相似。

4. 性未成熟期　具有成鱼的形态结构，但性腺未发育成熟。暗纹东方鲀在人工养殖条件下，二冬龄有少数个体成熟，三冬龄全部成熟，一般20～22月龄的暗纹东方鲀属于此期。

5. 成鱼期　性腺第一次成熟至衰老死亡属成鱼期。具体的年龄、规格因河鲀鱼的品种而异。

我们这里所讲的河鲀鱼鱼种培育正处于幼鱼期，也是鱼类一生中生长发育最旺盛的一个阶段，它们的形态结构和生态、生理特性将发生规律性变化。

二、鱼种的培育

当河鲀鱼的初孵仔鱼培育成夏花时，体重增加了数十倍乃至百余倍，如果仍在原池继续饲养，密度就显得过大而影响鱼种生长。因此，必须适时分养，即进行鱼种培育。但此时鱼体仍然幼小，对敌害生物的防御能力和觅食能力均较弱，若直接放入大水域或鱼池内饲养，其成活率会大大降低，并浪费水体。因此，需要将夏花经过一段时间较精细的饲养管理，养成大规格和体质健壮的鱼种，才可供成鱼池、网箱或其他养殖水域放养之用。

鱼种培育的目的就是提高鱼种的成活率和培育大规格鱼种。同龄鱼种，规格大的与规格小的相比，其食谱范围，对疾病和对不良环境的抵抗能力以及逃避敌害的能力均有不同程度的增大和增强。同时也表现出成活率高，生长快，可缩短养殖周期，加速资金周转，提高经济效益等优点。

(一)选择良好的池塘条件

鱼种培育池应尽可能符合下列条件：

①面积以 1 334～3 335 米^2，水深 1.5～2.0 米为宜。

②交通便利，水源充足，水质良好，不含泥沙和有毒物质、排灌方便。

③池埂坚固，不漏水，其高度超过最高水位 0.3～0.5 米。池底平坦，并向出水口一侧倾斜。池底少淤泥，无砖石瓦砾，无丛生水草，以便于拉网操作。

④鱼池通风向阳，其水温增高快，也有利于有机物的分解和浮

游生物的繁殖,使鱼池溶氧保持较高水平。

(二)重视池塘的清整

生产多年的鱼池,由于淤泥积累过多,堤基受到波浪冲击,一般都有不同程度的崩塌。根据鱼种培育池所要求的条件,必须进行整塘和清塘。所谓整塘,就是将池水排干,清除过多淤泥,将池底推平,使其平滑贴实,填好漏洞和裂缝,清除池底和池边杂草。所谓清塘,就是在池塘内施用药物杀灭影响鱼苗生存、生长的各种生物,以保障鱼苗不受敌害、病害侵袭。

生产操作的程序是先整塘,曝晒数日后,再用药物清塘。

1. 整塘、清塘的优点

①改善水质,增加肥度。池塘淤泥过多,有机物耗氧量大,生产中夏秋季鱼类易发生浮头。此外,有机物在缺氧条件下,产生大量还原物质如有机酸、硫化氢、氨等,使池水的 pH 下降,并抑制鱼类生长。而整塘后清除了过多淤泥,池底经曝晒,改善了淤泥的通气条件,加速了有机物转化为无机营养盐,这就改善了水质,增加了水的肥度。

②增加了放养量。淤泥清除后,增加了池塘容水量,相应可增加鱼种放养量和鱼类的活动空间,有利于鱼类生长。

③保持水位,稳定生产,清理池塘,修补堤埂,防止漏水,提高了鱼池的抗灾能力和生产的稳定性。

④杀灭敌害,减少鱼病,通过整塘、清塘,可清除和杀灭野杂鱼类、底栖生物、水生植物、水生昆虫、致病菌和寄生虫孢子,提高鱼种成活率。

2. 常用的清塘药物及使用方法

①生石灰清塘。生石灰(CaO)遇水就会生成强碱性的氢氧化钙[$Ca(OH)_2$],在短时间内使池水的 pH 上升到 11 以上,因此可杀灭野杂鱼类、蛙卵、蝌蚪、水生昆虫、虾、蟹、蚂蟥、丝状藻类(水绵等)、寄生虫、致病菌以及一些根浅茎软的水生植物。此外,用生石

灰清塘后，还可以保持池水 pH 的稳定，使池水保持微碱性；并可以改良池塘土质，释放出被淤泥吸附的氮、磷、钾等营养盐类，增加水的肥度；而且生石灰中的钙本身是动、植物不可缺少的营养元素，施用生石灰还能起施肥的作用。

使用生石灰清塘有两种方法：第一种是干法清塘，即将池水基本排干，池中须积水 6～10 厘米（这样池内泥鳅等就不会钻入泥中）。在塘底挖若干个小坑，将生石灰分别放入小坑中加水溶化，不待冷却即向池中均匀泼洒。生石灰用量，一般每 666.7 米^2 池塘为 60～75 千克，淤泥较少的池塘用 50～60 千克。清塘后第二天须用铁耙耙动塘泥，使石灰浆与淤泥充分混合。第二种方法是带水清塘，即不排出池水，将刚溶化的石灰浆全池泼洒。生石灰用量为每 666.7 米^2 平均水深 1 米用 125～150 千克。

生石灰清塘的技术关键是所采用的石灰必须是块灰。只有块灰才是氧化钙（CaO），才称生石灰；而粉灰是生石灰已潮解后与空气中的二氧化碳结合形成的碳酸钙（$CaCO_3$），称熟石灰，不能作为清塘药物。

②茶粕清塘。茶粕又称茶籽饼，是油茶的种子经过榨油后所剩下的渣滓，压成圆饼状。含茶粕皂角苷 7%～8%，它是一种溶血性毒素，可使动物的红细胞分解。10 毫克/升的皂角苷 9～10 小时可使鱼类失去平衡，11 小时死亡。茶粕清塘能杀灭野杂鱼、蛙卵、蝌蚪、螺蛳、蚂蟥和一部分水生昆虫，但对细菌没有杀灭作用。而且施用后，即为有机肥料，能促进池中浮游生物繁殖。必须强调指出，用茶粕清塘，以杀灭鱼类的浓度无法杀灭池中的虾、蟹类。这是因为虾、蟹体内血液透明无色，运载氧气的血细胞不呈红色（称蓝细胞），茶粕清塘常用的浓度不能使其分解。所以生产上有“茶粕清塘，虾、蟹越清越多”之说。

使用方法是将茶粕敲成小块，放在容器中用水浸泡，在水温 25℃左右浸泡一昼夜即可使用。施用时再加水，均匀泼洒于全池。

每 666.7 米^2 池塘水深 20 厘米用量为 26 千克，水深 1 米用量为 35～45 千克。上述用量可视塘内野杂鱼的种类而增减，对不钻泥的鱼类用量可少些，反之则多些。

③漂白粉清塘。漂白粉一般含有效氯 30%左右，遇水分解释放出次氯酸。次氯酸立即释放出新生态氧，它有强烈的杀菌和杀死敌害生物的作用。其杀灭敌害生物的效果同生石灰，对于盐碱地鱼池，用漂白粉清塘不会增加池塘的碱性，因此往往以漂白粉代替生石灰作为清塘药物。

使用方法是先计算池水体积，每立方米池水用 20 克漂白粉，即 20 毫克/升。将漂白粉加水溶解后，立即全池泼洒。漂白粉加水后放出初生态氧，挥发、腐蚀性强，并能与金属起作用因此操作人员应戴口罩，用非金属容器盛放，在上风处泼洒药液，并防止衣服沾染而被腐蚀。此外，漂白粉全池泼洒后，需用船或桨晃或划动池水，使药物迅速在水中均匀分布，以加强清塘效果。

漂白粉受潮易分解失效，受阳光照射也会分解，故漂白粉必须盛放在密闭塑料袋内或陶器内，存放于冷暗干燥处。否则漂白粉潮解，其有效氯含量大大下降，影响清塘效果。目前市场上已有用漂粉清、三氯异氰尿酸等药物来代替漂白粉的趋势。漂粉精清塘浓度为 10 毫克/升。三氯异氰尿酸作为清塘药物其浓度为 7 毫克/升。

④氨水清塘。氨水(NH_4OH)呈强碱性。高浓度的氨水能毒杀鱼类和水生昆虫等。清塘时，水深 10 厘米，每亩池塘用氨水 50 千克。用时需加几倍干塘泥搅拌均匀后全池泼洒。加干塘泥的目的是减少氨水挥发。氨水也是良好的肥料，清塘加水后，容易使池水中浮游植物大量繁殖，消耗水中游离二氧化碳，使池水 pH 上升，从而增加水中分子氨的浓度，容易引起鱼苗中毒死亡。故用氨水清塘后，最好再施一些有机肥料，以培养浮游动物，借以抑制浮游植物的过度繁殖，避免发生死鱼事故。

用上述药物清塘，一般需经 7～10 天后药效消失，方可放养鱼苗。漂白粉药物清塘后药效消失较快，约 5 天后可放养鱼苗。

（三）施基肥

河鲀鱼夏花阶段尽管其食性开始分化，但尚不彻底，对浮游动物均喜食，且生长迅速。因此，鱼种池在夏花下塘前应施适量的有机肥料以培养浮游生物，这是促进鱼种生长，提高鱼种成活率的重要措施。一般每 666.7 米^2 施 150～200 千克消毒并发酵的粪肥，鱼种控制在枝角类（水蚤）高峰期下塘。

表 4-1 生石灰清塘后浮游生物变化模式（未放养鱼苗）

清塘 项目	1～3 天	4～7 天	7～10 天	10～15 天	15 天后
pH			9 左右		
浮游植物	开始出现	第一个高峰	被轮虫滤食，数量减少	被枝角类滤食，数量减少	第二个高峰
轮虫	零星出现	迅速繁殖	高峰期	显著减少	少
枝角类	无	无	零星出现	高峰期	显著减少
桡足类	无	少量无节幼体	较多无节幼体	较多无节幼体	较多成体

从生物学角度看，鱼苗下塘时间应选在清塘后 7～10 天，此时下塘正值轮虫高峰期，鱼种下塘应选枝角类高峰期，即清塘后 10～15 天。但生产上无法根据清塘日期来要求鱼苗适时下塘时间，加上依靠池塘天然生产力增减轮虫数量不多，每升仅 250～1 000 个，这些数量在鱼苗下塘后 2～3 天内就会被鱼苗吃完。故在生产上均采用先清塘，然后根据鱼苗下塘时间施有机肥料，人为地制造轮虫高峰期。施有机肥料后，轮虫高峰期的生物量比天然生产力高 4～10 倍，每升达 8 000～10 000 个以上，鱼苗下塘后轮虫高峰期可维持 5～7 天。同样，为做到鱼种在枝角类高峰期下塘，关键是掌握施肥的时间。

(四)夏花放养

河鲀鱼夏花鱼种放养的密度主要依据生产中所要求鱼种的规格而定。同一品种的鱼,池塘条件好、饵料充足、鱼种培育的技术水平高、配套设备较好,也可以增加放养量,反之则减少放养量。根据目前的生产水平和条件,普通池塘一般666.7米^{2}放养2.5～3.0厘米夏花5 000～10 000尾,还有的生产单位为了快速生产巴鱼(75～100克/尾)上市则放得更少。而一些有流水养殖设施的生产单位密度每平方米高达30～50尾。由于河鲀鱼这一品种的人工养殖刚刚开始,且经济效益较高,笔者认为目前还不能一味追求单位面积的高密度高产量,关键应该是追求高成活、高效益,在生产实践中不断探讨最实用、最经济的各种水体的放养密度。

(五)鱼种饲养方法

鱼种饲养过程中,根据各地条件因地制宜,由于采用的饲料、水域不同,形成不同的饲养方法。一般可分以下几种:

1. *以天然饵料为主的饲养法*　在近海或湖泊、水库区域,杂鱼、虾类、螺蚬较多的地方可以采用此法。从鱼种下塘起就充分利用地方的天然饵料资源,前期用新鲜的小杂鱼制成鱼糜,在水中漂洗,去油渍后上食台诱食。鱼体全长达5厘米时,可投喂活杂虾、1.0～1.5厘米的虾苗最为适口。无活虾苗也可用不变质的杂虾仁投喂。待鱼体全长达8～10厘米时,可投喂碾碎的螺蚬或蚌肉等。这种方法的主要特点就是饵料来源受季节、天气和采集水域的限制。鱼种在越冬期会"落膘",但鱼种的生长速度一般较快,抗病力强。

2. *以人工配合饵料为主的饲养方法*　随着我国饲料工业及鱼类营养学的发展,以人工配合饵料为主的饲养鱼种方法将更加有利于渔业的规模化生产的发展。以暗纹东方鲀为例,专池培育鱼种的主要技术关键如下:

①投以高质量的配合饲料,饲料的精蛋白质含量要达到40%

以上，并添加蛋氨酸、无机盐、维生素合剂。

②训练鱼种定点吃食。鱼种刚下塘 5～6 天，食台尽可能全池布点，让鱼种早适应吃食，后逐渐缩小食台的范围，并做到定时定点，这样既能刺激鱼的食欲，提高饵料消化吸收，又能观察鱼种的吃食活动情况。

③根据水温和鱼体重量，及时调整投饵量，每隔 10 天检查一次生长情况，可在喂食时，用网捞出数十尾鱼种带水称重计数，求出平均尾重，然后计算出全池鱼种总重量，参照日投饵率计算投饵数量。

表 4-2　河鲀鱼种日投饵率　%

水温(℃)	体重(克)				
	1～5	5～10	10～30	30～50	50～100
16～20	4～6	3～6	2～4	2～3	1.5～2.5
20～24	7～9	5～7	4～6	3～5	2.5～4
24～28	9～10	7～9	6～8	5～7	4～5

(六)加强池塘管理

鱼种池的日常管理工作主要有以下几个方面：

①每日早晨和下午分别巡塘一次，观察水色和鱼的动态。早晨如鱼类浮头过久，应及时注水解救。下午检查鱼类吃食情况，以便确定次日的投饵量。

②经常清除池边杂草和池中杂物，清洗食台并进行食台日晒消毒，以保持池塘卫生。

③适时注水，改善水质。通常每月注水 2～3 次。在饲养早期和后期每 3～5 天加 1 次水，每次加水 5～10 厘米；7～8 月应每隔 2 天加 1 次水，每次加水 5～10 厘米；入伏后最好天天冲 1 次水，以保持水质清新。必须配备增氧机，并做到合理使用增氧机。

④定期检查鱼种生长情况。如发现生长缓慢，须加强投饵。

如个体生长不均匀,应及时拉网,将个体大的鱼分塘饲养。

⑤做好防洪、防逃和防治病害等工作。夏花鱼种出塘时,经2～3次拉网锻炼,鱼种易擦伤,鱼体往往寄生大量车轮虫等寄生虫。故在鱼种下塘前,必须采用药物浸浴。在7月底、8月初,每隔20～30天用30毫克/升的生石灰水(盐碱地鱼池忌用)全池泼洒以提高池水的pH值,改善水质,防止鱼类患烂鳃病。每隔20天左右用多维土霉素或痢特灵投饵3天(每100千克鱼用1克,溶于水中,加10千克粉料,待药液吸干),以防止发生肠炎。此外,在汛期、台风季节,必须及时加固、加高池埂,保持排水沟、渠的通畅,做好防洪和防逃工作。

⑥做好日常管理的记录。鱼种池的日常管理是经常性的工作。为提高管理的科学性,必须做好放养、投饵施肥、加水、防病、收获等方面的记录和原始资料的分析、整理,并做到定期汇总和检查。此项工作必须有专人负责。

(七)并塘越冬

秋末水温降到18℃以下,鱼种已不甚摄食,即可开始拉网、并塘。

1. 并塘目的

①将鱼种按不同种类和规格进行分类归并,计数越冬,以利于运输和放养。

②将鱼种饲养在温室中安全越冬,便于管理,不使鱼种落膘。

③通过并塘越冬能全面了解当年鱼种生产情况,总结经验,提出下年度放养计划。

④腾出鱼种池及时整塘清塘,为翌年生产做好准备。

2. 并塘注意事项

①并塘时应在水温15～18℃的晴天拉网捕鱼,按不同规格分类归并。如水温高,因鱼类活动能力强,耗氧大,操作过程中鱼体容易受伤。

②拉网前鱼种应停食1天。拉网、捕鱼、选鱼、运输等工作应小心细致，避免鱼体受伤。

3. 并塘管理　越冬池的水质应保持良好，并定时投饵，一般每天投饵2次，保证越冬鱼种的生长。应采取增氧措施，防止鱼种缺氧，控制水温在22～26℃，改善水质。

第五章　河鲀鱼养殖关键技术

我国目前饲养食用河鲀鱼的方式主要有池塘养殖、网箱养殖、工厂化养殖三种。属海水品种的红鳍东方鲀和假睛东方鲀的养殖采用上述养殖方式的比较普遍，而属淡水养殖品种暗纹东方鲀的养殖则以池塘养殖为主，工厂化养殖为辅。河鲀鱼养殖技术在近年中得到很快的发展和提高，已形成了一个引人瞩目的水产规模化高效养殖热点。

一、海水东方鲀类的养殖技术

海水东方鲀类这里指红鳍东方鲀、假睛东方鲀。充分利用沿海滩涂资源进行池塘开发，利用近海港湾开发河鲀鱼的网箱养殖，已在渤海、黄海一带初见规模，其养殖技术简要介绍如下。

(一)养殖设施条件与放养密度

1. *池塘养殖方式*　池塘可利用养虾池塘，面积以 5～10 亩为最好，深度一般为 2～2.5 米，有良好的进排水系统及防逃设施。放养前一周用生石灰或漂白粉清塘。生石灰用量每亩 100～150 千克，漂白粉用量 30～40 毫克/升。一周后进水，施足基肥，繁殖基础生物饵料。放养密度要稀，50～100 克规格的鱼种每亩可放养 100～1 000 尾不等。

2. *网箱养殖方式*　选择的养殖海区必须水质清新，无台风直接影响，无赤潮发生，无大量淡水注入，无污染。透明度最好能达 3 米以上，透明度低的海区，鱼摄食不足，会导致互相残食，引起死亡率增高，水流流速以每秒 10 厘米为宜。全年水温在 10～27℃ 范围较理想，16～23℃ 的适温期长的海区最佳。养殖网箱的大小同成活率有很大关系。小型网箱易出现残食现象，应尽可能采用圆形和方形大型网箱。如果鱼的大小在50～100克范围内，网箱规格为6米×6米×6米、8米×8米×8米、10米×10米×8米时，网箱放苗量为1 300～1 800、2 500～3 500、5 000～7 000尾；放养尾数为6～9尾/米^3。

如果使用小网箱养殖，应适当降低放养密度。同时应注意的是，随着鱼体长的增长，网箱网目也应逐渐增大，鱼体大小与网目的关系为鱼体全长(厘米)：5.5～7、8～12、13～17、18～22时网目长度(毫米)为：5、10、15、20、30；鱼体全长22厘米以上时，用金属网网目为40毫米。

为了防止河鲀咬破网箱逃逸，在鱼体长22厘米时，将其移入网目40毫米的金属网箱内养殖，放养量控制在2～3千克/米^{3}为宜，一直养到商品规格。也可以在放养开始就使用金属网，这样养殖过程中就不用换网。

(二)养殖技术及管理要点

1. 苗种　苗种要选择健康、规格均匀的苗种。苗种运输可车运或船运，器材为帆布篓和充气袋，运输途中不断充气，并保持水温10℃，运输时间不超过20小时。在苗种下塘或下箱前必须经药浴一次，药物为呋喃苯乙烯酸钠，药量为每吨海水放50～100克，药浴4小时，药浴可结合运输时进行。药浴之后进行放养。

2. 饵料　饵料必须确保新鲜。在养殖的不同阶段，投喂的饵料也有不同。养殖前期一般投喂小杂鱼虾；养殖中后期主要投喂沙丁鱼、鲐鱼、玉筋鱼和竹荚鱼等。在收获前可投喂乌贼、虾和牡蛎等低脂肪饵料，以提高收获时鱼的肉质质量。为了降低饲料成本，可逐渐在鲜活饵料中拌入人工饵料，并逐渐增加人工饵料的量，一直到完全吃食人工饵料。

红鳍东方鲀对维生素需求量较大，养殖中易出现维生素缺乏症，因此应适量添加维生素B_1和维生素E。

饵料不足会引起鱼互相残食，影响成活率和成品鱼外观质量。所以，投喂适口饵料，确保饵料投喂次数和投饵量是养殖管理的重要一环。

①投喂次数：50～100 克每天投喂 3～4 次；100～200 克每天投喂 2～3 次；200 克以上每天投喂 1～2 次。

②投喂量：表 5-1 中列出的是根据不同鱼体重确定的日投饵率。

表 5-1　鱼体重和日投饵率的关系

鱼体重(克)	日投饵率(%)	鱼体重(克)	日投饵率(%)
50～100	15～12	350～450	3～1.5
100～150	12～10	400～500	3～2
150～250	10～6	500～600	4～2
250～350	6～4	600～750	5～3
250～350	2～1	700～900	5～3
300～400	3～1.5	800～1 000	4～2

③投喂时间：在稚鱼期，每天早晨第一次投饵的时间越早，鱼相互残食的现象就越少，因此，第一次投饵应在上午 8 时以前结束。最后一次则应在日落前 2～3 小时进行。投喂量以鱼的饱食程度来准备。当鱼来回游动摄食时，要少量多次地投喂；当鱼沉到池塘或网箱底部后，即可停止投喂。

④投喂方式：主要有手撒、自动投饵机投饵、网漏式或吊挂式等方式。手撒、自动投饵机投饵方式就是将鲜活饵料直接投入池塘或网箱内的方法；网漏式是网箱养殖的投饵方法，就是制作一个网架固定在网箱上方，将饵料放入其中，鱼可透过网架争抢饵料；吊挂式也是网箱养殖的投饵方法，就是用铁丝将饵料穿起来后，再吊在网箱中。这几种方式也可选择其中的两种，结合起来进行投喂。

3. 水质　红鳍东方鲀喜肥爽清新的新鲜海水，池塘养殖期间应根据水色、水质、透明度、溶氧及鱼活动情况，每周换水1～2次，并不定期加注新水，维持透明度50厘米左右，保持足够的氧气和微生物饵料。

4. 剪齿　为了有效防止河鲀相互撕咬，提高养殖成活率，最好在放养前对鱼进行人工剪齿。具体操作为：提前5天投喂抗生素药饵，剪齿时将鱼麻醉，用园林剪枝剪或电工钳将鱼的上下门齿剪断，只保留齿基部少许。剪齿后要进行药浴，然后才能放回网箱中。应该注意，剪时动作要快、要轻，减少机械损伤，之后观察鱼有摄食活动后才能开始投饵。

5. 日常管理　养殖管理的好坏，直接关系到养殖的成败。一般情况下，红鳍东方鲀要经一年半到两年的时间，就可达到商品规格。成活率一般在30%～50%。养殖过程中必须每天观察鱼体情况、鱼的活动情况，做好养殖日记，主要记录养殖尾数、鱼的大小、死亡尾数等数据。

二、淡水东方鲀类的养殖技术

淡水东方鲀在养殖上目前有暗纹东方鲀、弓斑东方鲀两种。由于暗纹东方鲀较弓斑东方鲀个体大，生长快，养殖的经济价值高，则在淡水东方鲀类的养殖中以暗纹东方鲀占绝对优势的比例。

(一)池塘养殖的条件与设施

池塘是养殖的河鲀鱼栖息、生长的环境，许多技术措施都是通过池塘水环境作用于养殖对象的。养殖河鲀鱼的池塘条件包括池塘的位置、水源和水质、面积、水深、土质以及池塘的形状与周围的环境等。在有条件的情况下，可以采取措施，改造池塘，创造适宜的环境条件，每2001～2 668 米^2 设置380 伏 2.2 千瓦增氧机一台，以提高河鲀鱼池塘养殖的产量。

1. 池塘位置　要选择水源充足，水质良好，交通、供电方便的地方，这样有利于注、排水，也利于饲料、鱼种、商品鱼的运输和销售。但河鲀鱼的养殖忌周围环境嘈杂，过分嘈杂的环境会影响河鲀鱼的吃食与生长。

2. 水源和水质　池塘应有良好的水源条件，以便于加注新水。由于池塘内鱼种放养密度大，亩产高，投饵量大，池水溶氧量往往供不应求，水质容易恶化，导致鱼类严重浮头而大批死亡。河鲀鱼对溶氧的要求较高，一般含氧量必须保持在5～6毫克/升，水中溶氧2.5毫克/升时即影响摄食，1毫克/升时就发生浮头死亡。虽然用增氧机可以防止浮头，但不能从根本上改善水质，从而不利于河鲀鱼的生长。因此，鱼池最好选择靠近河边或湖边，井水也可作水源，溶氧低的可设晒水池，工厂废水只有经过水质分析或进行鱼类试养后，才能作为养鱼用水。

3. 面积　饲养成鱼(商品鱼)的池塘面积应相对较大，面积大，鱼的活动范围广；受风力的作用大，风力不仅可增加溶氧，而且还可使池塘上下水层混合，改善下层水的溶氧条件；此外水体大，水质稳定，不易突变。但面积过大，投饵、捕捞比较困难，管理也不方便，池埂易被风浪冲坏。因此，一般认为面积在10亩左右较合适。

4. 水深　饲养河鲀鱼成鱼的池塘需要一定的水深和蓄水量，以便增加放养量，提高产量。池水较深，蓄水量大，水质较稳定，对鱼类生长有利。但池塘也不是愈深愈好，如池水过深，下层水光照条件差，溶氧低，加以有机质分解，就会造成下层水经常缺氧。实践证明，精养鱼池常年水位应保持在2～2.5米。

5. 底质与形状　一般精养池以壤土最好，池底淤泥不要超过5厘米以上，鱼池以东西长南北宽的长方形池为最好，这样的池形池埂遮阴，水面日照时间长，有利于浮游植物光合作用，加之夏季西南风水面易起波浪，池水在动态中能自然增氧，可以减少鱼类浮头。长方形的长宽比例以5∶3为宜，不仅美观，还利于饲养管理和拉网操作。池塘周围不应有高大的树木和房屋，以免阻挡阳光照射和风的吹动。

6. 池塘的改造与清整　良好的池塘条件是指面积适中，面积在 5 336～7 660 米^2；水深 2.5 米左右；有良好的水源水质，注、排方便；池形整齐，池底呈“龟背形”或“倾斜形”，如达不到上述要求，就应该进行改造。

经一个周期的饲养后，底部沉积了大量淤泥（一般年沉积 10 厘米左右），故应在干池捕鱼后，将池底淤泥挖起，晒干后加固坡埂。清整好的池塘，注入新水时应采用密网（40～60 目筛绢）过滤，防止野杂鱼进入池内，等药效消失后，方可放入鱼种。

（二）鱼种

鱼种是食用鱼饲养的物质基础，也是获得高产的前提之一。优质的鱼种在饲养中生长快，成活率高。对鱼种的要求是，数量充足，规格整齐，体质健壮，无病无伤。

1. 鱼种的规格　鱼种规格的大小是根据在规定的时间内所培养的商品鱼规格来决定的。当年河鲀鱼夏花鱼种培育“巴鱼”上市，只要在密度上有所调整，培养成 50～75 克/尾的上市规格一般不成问题。如果暗纹东方鲀在第二年的上市规格为 500 克/尾以上，则当年鱼种规格必须培育成 50～100 克/尾以上。越冬培育到来年 5 月，鱼种规格达 200～300 克/尾是比较理想的鱼种规格。

2. 鱼种来源　养殖商品鱼所需的鱼种有条件的由本单位生产，就地供应。这样，鱼种规格、数量和质量均能得到保证，而且减少了运输、传染疾病等带来的诸多问题，从而降低了成本，提高了成活率，提高了生产经济效益。而一般生产单位则可以购进无病、无伤、规格适中的健康鱼种。

3. 鱼种的放养时间　根据暗纹东方鲀适温 8～33℃习性，一般在 4～6 月份，池水温度达 16℃左右即可进行放养。池水温度低于 16℃，与鱼种越冬温度（一般 24～26℃）温差太大，即使调温，鱼种也不易适应。但池水温度过高时，往往操作运输的难度就较大。因此，在池水温度16℃左右，用5～7天时间使鱼种越冬池水温逐渐调节至与池水温度一致，要求是不影响鱼种摄食，这样鱼种下塘早，适应2～3天，水温达16℃以上则能开始正常摄食。

4. 放养密度 在一定的范围内，只要饲料充足，水源水质条件良好，管理得当，则放养密度大，相对产量就高。故合理的密养才能充分发挥池塘和饲料的生产潜力。根据目前暗纹东方鲀生产单位的情况总结，商品鱼规格大，成活率高，则经济效益就十分明显；相对放养密度大，商品鱼规格小，成活率低，即使产量高，经济效益也不高。加上暗纹东方鲀对水中溶氧的要求高，与青虾相似，因此一般667米^{2}放养100～150克/尾鱼种600～800尾较为适宜。

(三)投饵

在池塘密养的条件下，要使鱼类得到优质充足的食物而正常生长，根据鱼种的生长规律，投饲人工饲料是高产高效渔业最根本的技术措施之一。

在投饵技术上，应实行“四定”投饵原则。

1. 定质 人工配合饲料要求粗蛋白质高，营养全面、适口，在水中不易散失。不能氧化、霉变。动物性饵料必须新鲜，不能腐败变质。

2. 定量 根据全年投饵计划和月分配测算，再结合鱼体生长，吃食情况，每日投饵量原则上不能忽多忽少，在规定时间内吃完，以免鱼时饥时饱，影响消化，吸收和生长，并引发鱼病。同时应注意的是，若遇到阴雨天气，则可以减少投饵量30%～50%，或下午停喂1次，避免饱食浮头引起泛塘。

3. 定时 让河鲀鱼在池水含氧量高时进食，以提高饵料的利用率，一般情况下，上午9时左右，下午4～5时投喂。

4. 定位 定点投喂有利于提高饵料利用率，有利于掌握鱼类的吃食情况和进行食场消毒，并便于清除剩饵，保证食台卫生。另外，利用鱼类对特定的刺激形成的条件反射，使鱼类养成定位进食习惯,促使鱼类进食均匀,减少体能损失。

在投饵技术上,除了"四定"原则,还必须灵活掌握实际生产情况,如在投饵定位上,刚进池的鱼种,应必须满池喂(尽可能地多设点),向深水处投饵,待鱼全进食后,逐渐减少投饵点,一般7～10天内诱食到定点食台。食台的制作要尽可能地方便鱼类摄食,不使饵料散失。一般做法是:用直径6.5的钢筋制作,口面40厘米×60厘米,带坡,深10～15厘米,用20～30目网片外包,形成一个长方形的框,四角拴上聚乙烯绳即可。

(四)饲养管理

渔谚有"增产措施千条线,通过管理一根针",十分形象地比喻了一切养殖的物质条件和技术措施,最后都必须通过池塘的日常饲养管理,才能发挥作用,获得高产高效的结果。这就是强调了饲养管理的重要性。

1. *池塘管理的基本要求* 河鲀鱼的池塘养殖和其他鱼类一样,实质上是一个不断改善池水理化条件和饵料条件的矛盾过程。在实际生产中,要提高养殖周期内的单位面积产量,就必须最大限度地投足投好饵料,以保证鱼类的最快生长。在河鲀鱼的规模化养殖中,投饵次数多,饵料蛋白高,养殖用水很容易造成过肥、老化,池塘环境恶化,反过来又限制了鱼类生长,甚至引起缺氧浮头或泛池死亡。怎样去解决这一对矛盾,就是饲养管理的主要工作任务。从生态学角度去分析,它是一种池塘物质循环,每次转化就是一次循环,一次能量流动,使池塘内物质一部分转化为鱼体蛋白质。为促进这对矛盾的转化和发展,在生产上对矛盾的两个方面提出如下要求:

水质保持"活、爽",投饵要做到"匀、足、好"。

河鲀鱼对水体溶氧要求较高,则池水不能肥。

活:表示水色有经常性变化,表明浮游植物优势种交替出现,水体中生物的产氧能力强。

爽：表示池水透明度适中（25～35 厘米），水中溶氧条件好。

匀：表示只要在摄食温度以上，就应投以足够饵料。在正常情况下，前后两次投饵量应相差不大或成相对稳定比例。如容易发生浮头的季节，傍晚可投日投饵量的 30%～40%。

足：表示投饵料量适当，一般要求在 20～30 分钟吃完，不使鱼过饥或过饱。

好：表示饵料质量、蛋白含量高，动物性饵料新鲜。

生产实践证明，只要处理好水质和饵料的关系，根据水质情况及时加注或更换新水，保证河鲀鱼有良好的生活环境，投饵达到要求，就能使河鲀鱼得到最大限度的生长。

2. 池塘管理的基本内容　池塘日常管理应做好以下工作：

①经常巡视池塘，观察鱼类动态。每天早、中晚巡塘 3 次。黎明是一天中溶氧最低的时候，要检查鱼类有无浮头现象。如发现浮头，须及时采取相应措施。午后 14:00～15:00 是一天中水温最高的时候，应观察鱼的活动和吃食情况。傍晚巡塘主要是检查全天吃食情况和有无残剩饵料，有无浮头预兆。酷暑季节，天气突变时，鱼类易发生严重浮头，还应在半夜前后巡塘，以便及时采取措施控制严重浮头，防止泛池事故。此外，巡塘时要注意观察鱼类有无离群独游或急剧游动、骚动不安等现象。在鱼类生活正常时，池塘水面平如镜，一般不易看见鱼。如发现鱼类活动异常，应查明原因，及时采取措施。巡塘时还要观察水色变化，及时采取改善水质的措施。

②做好鱼池清洁卫生工作。池内残饵、污物应随时捞去，清除池边杂草，保持良好的池塘环境。如发现死鱼，应检查死亡原因，并及时捞出。死鱼不能乱丢，以免病原扩散。

③根据天气、水温、季节、水质、鱼类生长和吃食情况确定投饵的种类和数量，并及时做好鱼病防治工作。

④掌握好池水的注排，保持适当的水位，做好防旱、防涝、防逃

工作。

⑤做好全年饲料需求量的测算和分配工作。

⑥合理使用渔业机械，搞好渔机设备的维修保养和用电安全。

⑦做好池塘管理记录和统计分析。每口鱼池都有养鱼日记，对鱼种的放养及每次成鱼的收获日期、尾数、规格、重量，每天投饵的种类和数量以及水质管理和病害防治等情况，都应有相应的表格记录在案，以便统计分析，及时调整养殖措施，并为以后制订生产计划，改进养殖方法打下扎实的基础。

3. 池塘水质管理　河鲀在池塘中的生活、生长情况是通过水环境的变化来反映的，各种养鱼措施也都是通过水环境作用于鱼体的。因此，水环境成了养鱼者和鱼类之间的“桥梁”。人们研究和处理养鱼生产中的各种矛盾，主要从鱼类的生活环境着手，根据鱼类对池塘水质的要求，人为地控制池塘水质使它符合鱼类生长的需要。渔谚有“养好一池鱼，首先要管理好一池水”的说法，这是渔民的经验总结。

池塘水质管理，除了前述的投饵培育和控制水质外，还应采取以下主要措施：

①及时加注新水：经常及时地加水是培育和控制优良水质必不可少的措施。对精养鱼池而言，加水有四个作用：

a. 增加水深。增加了鱼类的活动空间，相对降低了鱼类的密度。池塘蓄水量增大，也稳定了水质。

b. 增加了池水的透明度。加水后，使池塘水色变淡，透明度增大，使光透入水的深度增加，浮游植物光合作用水层（造氧水层）增大，整个池水溶氧增加。

c. 降低藻类（特别是蓝藻、绿藻类）分泌的抗生素。这种抗生素可抑制其他藻类生长。将这种抗生素的浓度加水稀释，有利于容易消化的藻类生长繁殖。在生产上，老水型的水质往往在下大雷阵雨以后，水质转为肥水，就是这个道理。

d. 直接增加水中溶解氧。使池水垂直、水平流转，解救或减轻鱼类浮头并增进食欲。

由此可见，加水有增氧机所不能取代的作用。在配置增氧机的鱼池中，仍应经常、及时地加注新水，以保持水质稳定。此外，在夏秋高温季节，加水时间应选择晴天，在 14:00～15:00 以前进行。傍晚禁止加水，以免造成上下层提前对流，而引起鱼类浮头。

②防止鱼类浮头和泛池。精养鱼池由于池水有机物多，故耗氧量大，与其他鱼类一样，当水中溶氧降低到一定程度(2 毫克/升左右)，河鲀就会因水中缺氧而浮到水面，将空气和水一起吞入口内，这种现象称为浮头。浮头是鱼类对水中缺氧所采取的“应急”措施。吞入口内的空气在鱼鳃内分散成很多小气泡，这些小气泡中的氧便溶于鳃腔内的水中，使其溶氧相对增加，有助于鱼类的呼吸。因此浮头是鱼类缺氧的标志。随着时间的延长，水中溶氧进一步下降，靠浮头也不能提供最低氧气的需要，鱼类就会窒息死亡。大批鱼类因缺氧而窒息死亡，就称为泛池。泛池往往给养鱼者带来毁灭性的打击。俗话说：养鱼有二怕，一怕鱼病死，二怕鱼泛池。而且泛池的突发性比鱼病严重行得多，危害更大，素有“一忽穷”之称。为了防止鱼类泛池，首先要防止鱼类浮头。

a. 鱼类浮头的原因。一是因上下水层水温差产生急剧对流而引起的浮头。炎夏晴天，精养鱼池水质浓，白天上下层溶氧差很大，至午后，上层水产生大量氧盈，下层水产生很多氧债，由于水的热阻力，上下水层不易对流。傍晚以后，如下雷阵雨，或刮大风，致使表层水温急剧下降，产生密度流，使上下水层急剧对流，上层溶氧较高的水迅速对流至下层，很快被下层水中的有机物所耗净，偿还氧债，致使整个池塘的溶氧迅速下降，造成缺氧浮头。

二是因光合作用弱而引起浮头。夏季如遇连绵阴雨或大雾，光照条件差，浮游植物光合作用强度弱，水中溶氧的补给少，而池中各种生物呼吸和有机物质分解都不断地消耗氧气，以致水中溶氧供不应求,引起鱼类浮头。

三是因水质过浓或水质败坏而引起的浮头。夏季久晴未雨,池水温度高,加以大量投饵,水质肥,耗氧大。由于水的透明度小,增氧水层浅,耗氧水层高,水中溶氧供不应求,就容易引起鱼类浮头。这种水质,如不及时加注新水,水色将会转为黑色,此时极易造成水中浮游生物因缺氧而全部死亡,水色转清并伴有恶臭(俗称臭清水),则往往造成泛池死鱼事故。

四是因浮游动物大量繁殖而引起的浮头。春季轮虫或水蚤大量繁殖形成水华(轮虫为乳白色,水蚤为橘红色),它们大量滤食浮游植物。当水中浮游植物滤食完后,池水清晰见底(渔民称"倒水"),池中溶氧的补给只能依靠空气溶解,而浮游动物的耗氧大大增加,溶氧远远不能满足水生动物耗氧的需要,引起鱼类浮头。

b. 预测浮头的方法。鱼类浮头必有原因,也必然会先产生某些现象,根据这些预兆,可事先做好预测预报工作。鱼类发生浮头前,可根据四个方面的现象来预测。

一是根据天气预报或当天天气情况进行预测。如夏季晴天傍晚下雷阵雨,使池塘表层水温急剧下降,引起池塘上下水层急速对流,上层溶氧高的水对流至下层,很快被下层水中的有机物所耗净而引起严重浮头。夏秋季节晴天白天刮南风,夜间刮北风,造成夜间气温下降速度快,俗称"南撞北",引起上下水层迅速对流,容易造成浮头。或夜间风力较大,气温下降速度快,上下水层对流加快,也易引起浮头。连绵阴雨,光照条件差,风力小、气压低,浮游植物光合作用减弱,以致使水中溶氧供不应求,容易引起浮头。此外,久晴未雨,池水温度高,加以大量投饵,水质肥,一旦天气转阴,就容易引起浮头。

二是根据季节和水温的变化进行预测。如江浙地区 4～5 月水温逐渐升高,水质转浓,池水耗氧增大,鱼类对缺氧环境尚未完全适应。因此天气稍有变化,清晨鱼类就会集中在水上层游动,可看到水面有阵阵水花，俗称暗浮头。这是池鱼第一次浮头，由于其体质娇嫩，对低氧环境的忍耐力弱，此时必须采取增氧措施，否则容易死鱼。在梅雨季节，由于光照强度弱，而水温较高，浮游植物造氧少，加以气压低、风力小，往往引起鱼类严重浮头。又如从夏天到秋天的季节转换时期，气温变化剧烈，多雷阵雨天气，鱼类容易浮头。

三是观察水色进行预测。池塘水色浓，透明度小，或产生“水华”现象。如遇天气变化，容易造成池水浮游植物大量死亡，水中耗氧大增，引起鱼类浮头泛池。

四是检查鱼类吃食情况进行预测。经常检查食场，当发现饲料在规定时间内没有吃完，而又没有发现鱼病，那就说明池塘溶氧条件差，第二天清晨鱼要浮头。

c. 防止浮头的方法。发现鱼类有浮头预兆，可采取以下方法预防：

一是在夏季如果气象预报傍晚有雷阵雨，则可在晴天中午开增氧机。将溶氧高的上层水送至下层，事先降低下层水的耗氧量，及时偿还氧债。这样，到傍晚下雷阵雨引起上下层急剧对流时，因下层水的氧债小，溶氧就不致急剧下降。

二是如果天气连绵阴雨，则应根据预测浮头技术，在鱼类浮头之前开动增氧机，改善溶氧条件，防止鱼类浮头。

三是如发现水质过浓，应及时加注新水，以增大透明度，改善水质，增加溶氧。

四是估计鱼类可能浮头时，根据具体情况，控制吃食量。鱼类在饱食情况下其基础代谢高、耗氧大，更容易浮头。如预测是轻浮头，饵料应在傍晚前吃净，不吃夜食。如天气不正常，预测会发生严重浮头，应立即停止投饵。

d. 观察浮头和衡量鱼类浮头轻重的办法。观察鱼类浮头，通常在夜间巡塘时进行。其办法：

一是在池塘上风处用手电光照射水面，观察鱼是否受惊。在夜间池塘上风处的溶氧比下风高，因此鱼类开始浮头（俗称起口）总是在上风处。用手电光照射水面，如上风处鱼受惊，则表示鱼已开始浮头；如只发现下风处鱼受惊，则说明鱼正在下风处吃食，不会浮头。

二是用手电光照射池边，观察是否有螺蛳、小杂鱼或虾类浮到池边。由于它们对氧环境较敏感，如发现它们浮在池边水面，螺蛳有一半露出水面，标志着池水已缺氧，鱼类已开始浮头。

三是对着月光或手电光观察水面是否有浮头水花，或静听是否有“吧咕、吧咕”的浮头声音。

e.解救浮头的措施。发生浮头时应及时采取增氧措施。如增氧机或水泵不足，可根据各池鱼类浮头情况区分轻重缓急，先用于重浮头的池塘（但暗浮头时必须及时开动增氧机或加注新水）。从开始浮头到严重浮头这段时间与当时的水温有关。水温低，则这段时间长一些，反之则短些。河鲀鱼浮头前期极不明显，往往10分钟就会全池浮头。一般水温在22～26℃时开始浮头后，可延0.5～1小时增氧还不会发生危险。水温在26～30℃开始浮头后，应立即采取增氧措施，否则就容易引起死鱼。

必须强调指出，由于池塘水体大，用水泵或增氧机的增氧效果比较慢。以出水量60吨/小时的潜水泵（2.2千瓦）为例，对水深2.5米的5亩鱼池（约8 200吨水）加水，假设水泵出水口的溶氧已接近饱和度（约7毫克/升）计算，要使整个池水增加1毫克/升溶氧，在不扣除耗氧的前提下，就需连续加水20小时。增氧机解救浮头效果一般比水泵好一些，但两者没有根本的区别。浮头后开机、开泵，只能使局部范围内的池水有较高的溶氧，此时开动增氧机或水泵加水主要起集鱼、救鱼的作用。因此，水泵加水时，其水流必须平水面冲出，使水流冲得越远越好，以便尽快把浮头鱼引集到这一路溶氧较高的新水中以避免死鱼。在抢救浮头时，切勿中途停机、停泵，否则会加速浮头死鱼。一般开增氧机或水泵冲水需待日出后方能停机停泵。

发生严重浮头或泛池时，也可用化学增氧方法，其增氧救鱼效果迅速。具体药物可采用复方增氧剂。其主要成分为过碳酸钠（$2Na_2CO_3 \cdot 3H_2O_2$）和沸石粉，含有效氧为12%～13%。使用方法以局部水面为好，将该药粉直接撒在鱼类浮头最严重的水面，浓度为30～40毫克/升，一次用量每亩为46千克，一般30分钟后就可以平息浮头，有效时间可保持6小时。但该药物需注意保存，防止潮解失效。

f.发生鱼类泛池时应注意的事项。通常池鱼窒息死亡后，浮在水面的时间不长，即沉于池底。如池鱼窒息时挣扎死亡，往往未经浮于水面，而直接沉于池底。此时沉在池底的鱼尚未变质，仍可食用。隔了一段时间（水温低时约一昼夜后，水温高时10～12小时）后死鱼再度上浮，此时鱼已腐烂变质，无法食用。根据渔民经验，泛池后一般捞到的死鱼数仅为整个死鱼数的一半左右，即还有一半死鱼已沉于池底。为此，应等浮头停止后，及时拉网捞取死鱼或人下水摸取死鱼，不能加工或腌制的河鲀应埋入土中。

渔场发生泛池时，应立即组织两支队伍：一部分人专门负责增氧、救鱼和捞取死鱼等工作；另一部分人负责鱼货销售，准备好交通工具等，及时将鱼货加工腌制处理好，以挽回一部分损失。

③合理使用增氧机。增氧机是一种比较有效的改善水质、防止浮头、提高产量的专用养殖机械。目前我国已生产喷水式、水车式、管叶式、涌喷式、射流式和叶轮式等类型的增氧机。从改善水质防止浮头的效果看，以叶轮式增氧机最为合适。

a.增氧机的作用。在成鱼池中大多采用叶轮式增氧机。它具有增氧、搅水和曝气等三方面的作用。它们虽然在运转过程中同时完成，但在不同情况下，则以一个或两个作用为主。

增氧作用：叶轮式增氧机一般能向水中增氧1.0～1.5千克/

千瓦·小时。当增氧机负荷水面较大时(例如 0.1～0.2 千米^2/千瓦·小时),其平均分配于池塘整个水体的增氧值并不高。因此,对于池塘大水体而言,实际增氧效果在短期内并不显著,只能在增氧机水跃圈周围保持一个溶氧较高的区域,使鱼群集中在这一范围内,达到救鱼的目的。为发挥增氧机的增氧效果,应运用预测浮头的技术,在夜间鱼类浮头前开机,可防止池水溶氧进一步下降。至天亮因浮游植物光合作用,溶氧开始上升时才能停机。生产上可按 2 毫克/升溶氧作为开机警戒线,可依螺蛳、青虾或野杂鱼浮头作为开机的生物指标。如增氧机负荷水面小(例如 0.05～0.08 公顷/千瓦·小时),则池水增氧效果较为明显。

搅水作用:叶轮式增氧机的搅水性能良好,液面更新快,可使池水的水温和溶氧在短期内均匀分布。精养鱼池晴天中午上下水层的温差和氧差最大,此时开机,就可以充分发挥增氧机的搅水作用。增氧机负荷水面越小,上下水层循环流转时间越短。据测定(王武,1977),在晴天中午用 3 千瓦叶轮增氧机对不同面积的鱼池开机试验表明,0.22 公顷开机 15～20 分钟、0.33 公顷开机 20～30 分钟、0.47 公顷开机 50 分钟、0.6 公顷开机 1 小时后,整个鱼池上下水层溶氧基本上达到均匀分布。

曝气作用:叶轮式增氧机运转时,通过水跃和液面更新,将水中的溶解气体逸出水面。其逸出的速度与该气体在水中的浓度成正比。即某一气体在水中浓度越高,开机后就越容易逸到空气中去。因此,开机后下层水积累的有害气体(如硫化氢、氨等)的逸出速度大大加快,此时在增氧机下风处可闻到一股腥臭味。中午开机也加速了上层水溶氧的逸出速度,但由于其搅水作用强,故溶氧逸出量并不高(据测定,约为 0.77 千克/千瓦·小时),大部分溶氧仍通过增氧机输送至下层。

b. 增氧机的合理使用。增氧机目前已在全国各地的精养鱼池中普及推广,但不少单位在增氧机的使用上还很不合理,还是采用“不见浮头不开机”的方法，增氧机变成了“救鱼机”，只能处于消极被动的地位，每年使用时间短，增氧机的生产潜力没有充分发挥出来。为使增氧机从“救鱼机”变成“增产机”，应采取如下方法。

一是必须针对不同天气引起缺氧的主要原因，根据增氧机的作用原理，有的放矢地使用增氧机。晴天翌晨缺氧主要是白天上下层溶氧垂直变化大，而白天下层水温低，密度大，上层水温高，密度小，上下水层无法及时对流，上层超饱和氧气未能利用就逸出水面而白白浪费掉；而下层耗氧因子多，待夜间表层水温下降、密度增大引起上下水层对流时，往往容易使整个水层溶氧条件恶化而引起浮头。采用晴天中午开机，就是运用生物造氧和机械输氧相结合的方法，充分利用上层过饱和氧气，利用增氧机的搅水作用人为克服了水的热阻力，将上层浮游植物光合作用产生的大量过饱和氧气输送到下层去，及时补充下层水溶氧，降低下层水的耗氧量。此时上层水的溶氧量虽比开机前低，但下午经藻类光合作用，上层溶氧仍可达饱和。到夜间池水自然对流后，上下水层溶氧仍可保持较高水平，可在一定程度上缓和或消除鱼类浮头的威胁。

晴天中午开机不仅可防止或减轻鱼类浮头，而且也促进了有机物的分解和浮游生物的繁殖，加速了池塘物质循环。因此，在鱼类主要生长季节，必须抓住每一个晴天，坚持在中午开增氧机，充分利用上层水中过饱和氧气，才能抓住改善水质的主动权。

阴雨天缺氧，是由于浮游植物光合作用不强，造氧少、耗氧高，以致溶氧供不应求而引起鱼类浮头。此时必须充分发挥增氧机的作用，运用预测浮头的技术，及早增氧。必须在鱼类浮头以前开机，直接改善溶氧低峰值，防止和解救鱼类浮头。

晴天傍晚开机，使上下层提前对流，反而增大耗氧水层和耗氧量，其作用与傍晚下雷阵雨相似，容易引起浮头。阴天、雨天中午开机，不但不能增加下层水的溶氧，反而降低了上层浮游植物的造氧作用，增加了池塘的耗氧水层，加速了下层水的耗氧速度，极易引起浮头。渔谚有：晴天傍晚和阴天(雨天)中午开机是开“浮头机”。

二是必须结合当时养鱼的具体情况，运用预测浮头的技术，合理使用增氧机。增氧机的开机时机和运转时间长短不是绝对的，它同气候、水温、池塘条件、投饵施肥量、增氧机的功率大小等因子有关。应结合当时的养鱼具体情况，根据池塘溶氧变化规律，灵活掌握，合理使用增氧机。如水质过肥时，可采用晴天中午和清晨相结合的开机方法，以改善池水氧气条件。

根据上述要求，最适开机时间可采取：晴天中午开，阴天清晨开，连绵阴雨半夜开，傍晚不开，浮头早开，鱼类主要生长季节坚持每天开为原则。运转时间可采取：半夜开机时间长，中午开机时间短；天气炎热、面积大或负荷水面大，开机时间长，天气凉爽、面积小或负荷水面小开机时间短等措施。根据具体情况，灵活应用。

c. 增氧机的增产效果。合理使用增氧机后，在生产上有以下作用：充分利用水体；增高水温；预防浮头；解救浮头，防止泛池；可加速池塘物质循环；稳定水质；可增加鱼种放养密度，从而提高产量；有利于防治鱼病等。据试验，在相似的条件下，使用增氧机的池塘比对照池净产增长14%左右。

三、河鲀鱼的越冬管理

河鲀鱼的生活习性决定了在养殖生产过程中河鲀鱼越冬管理的几项要求。从盐度、水温、溶氧、饵料等多方面加强管理是保证河鲀鱼安全越冬的有效措施。

(一)越冬池的条件

具有一定规模，能进行温度调控并具相应机械设备的越冬温室，是发展河鲀鱼规模养殖的必要条件，也是设施渔业（工业化养鱼）的一个重要组成部分。

1. 工厂余热的利用　充分利用热电厂、炼焦厂的无毒余热水或蒸汽资源，建设越冬温房，其规模取决于可利用的总热量和水源等因素。工厂余热的利用能降低河鲀鱼的越冬成本，控制其越冬期的生长速度。一般设计要求是能确保当地最寒冷季节总体水温达 23～25℃，每天换水量占总水量的 20%左右。

2. 地热的资源利用　利用天然的温泉或深井水资源建造越冬温室，其首要条件是水质无毒害无污染。建设规模也必须根据热水资源的总热量和保种量来测算决定。

3. 燃煤锅炉供热　在没有上述资源的地区，越冬房的供热就必须用锅炉来保证，根据其生产规模，最小型的越冬房可以用无压热水锅炉，大中型的越冬房可用蒸汽锅炉。以河鲀鱼越冬密度每平方米 10 尾计算来确定越冬房面积，一般 0.3 吨蒸汽压力锅炉可建 500～700 $米^2$ 温房，0.5 吨锅炉可建 1 300～1 500 $米^2$ 温房。

（二）越冬温室的选址和结构

1. 越冬温室选址　工业化养鱼的主体是养鱼车间（越冬温室）。场址条件的优劣不仅影响工程的难易和投资的数量，而且对投产后的生产和经营好坏有着直接的关系。因此，必须在技术和经济上进行可行性论证，并应多选几个地点进行勘察比较，从中优选出最佳方案作为建场地点。现代化的养殖企业为确保鱼类全年在最适温度下生长，养鱼车间均采用温室并加以控温。因此养鱼车间即为养殖温室。

①位置：工业化养鱼的场址应选择在交通方便、水源和供电充足、社会配套设施齐全的地点。如能靠近有余热的工厂（如热电厂、炼钢厂、轧钢厂等）或温泉、地热的地区则更佳。

②水源、水量、水质：海水、湖水、河水或地下水均可作为养鱼

用水。要求水量充沛,水质必须符合渔业用水标准。海水根据各类养殖对象要求具体的盐度,淡水的盐度必须控制在0.5‰以下。地下水一般无污染,全年温度较稳定,透明度高。但地下水含氧量很低,因此必须经过曝气后才能使用。含铁量高的地下水必须先经增氧机曝气,再经沉淀池沉淀后方能应用。有的地下水还含有硫、砷等矿物质,对养鱼不利。所以,如用地下水作为水源,应进行水质分析后再确定能否应用。

③土质:建造养鱼车间的土质要求硬实,以降低温室基础造价。对于室外池塘,土质要求壤土(含沙土62%~75%,黏土25%~38%)。壤土既能保水,又能排干,是养鱼池最适的土质。

④地形和环境:工业化养鱼场要求土地平整,排灌自如,环境安静,无噪声,光照充足,背风向阳的环境。

2. 温室结构

①工业化养鱼温室要求:

a. 多功能。既可以养河鲀,又可以饲养甲壳类、两栖类、爬行类和贝类;既可以育苗,也可以养成;还可作商品销售前的暂养。

b. 温室能控制温度、湿度、光线,做到氧气、二氧化碳和氨氮平衡。有条件的能进行自动监测和自动控制。

c. 管理方便,有利于降低劳动强度,提高劳动生产率。

②温室种类:国内外养鱼温室从工程结构看主要有两种,即塑料大棚温室和砖混结构温室。无论使用哪类温室,在设计上都希望能按照鱼类的生态要求使温室达到如下技术指标:室内气温和水温按养殖对象要求可在5~33℃之间任意调节;相对湿度控制在85%以下;空气中的氧气保持在21%左右;二氧化碳保持在500毫克/升以下;光照强度为0.83万勒克斯,相当于冬、夏季光照的一半左右;适宜光照每天6小时以上;温室的透光率为50%以上。

a. 塑料大棚型温室：塑料大棚用镀锌管、黑铁管或竹木等材料支成拱形或屋脊形骨架，其外覆盖塑料薄膜而成。由于塑料大棚高度较低（通常最高处为 2.25 米），其内的培育池往往为单层。按其覆盖形式可分为：

单栋大棚：有拱圆形和屋脊形两种。一般长 30～40 米，333.5 米^2 左右。单棚内通常无支柱，目前除管式组装棚（蔬菜大棚）外，无统一标准（图 5-1、图 5-2）。

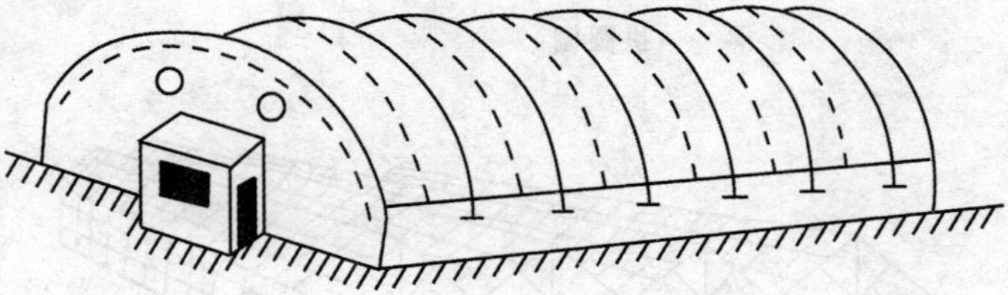

图 5-1　单栋拱圆形塑料大棚示意图

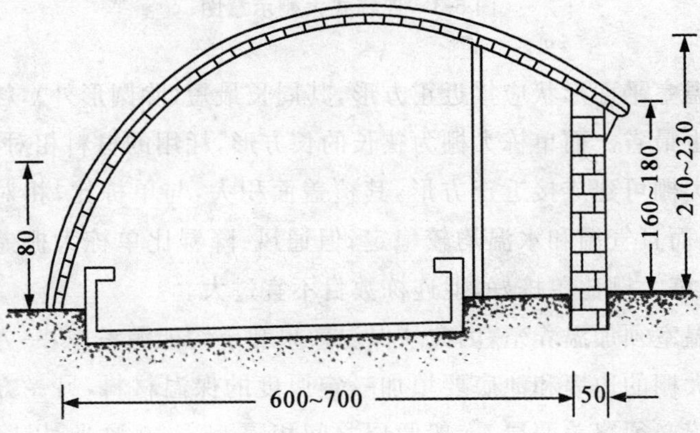

图 5-2　单栋屋脊形塑料大棚示意图（单位：厘米）

连栋大棚：以两栋或两栋以上的拱圆形或屋脊形单栋大棚连接而成，单栋棚的跨度为6～12米，一般占地面积为666.7～2 000米^2（图5-3）。

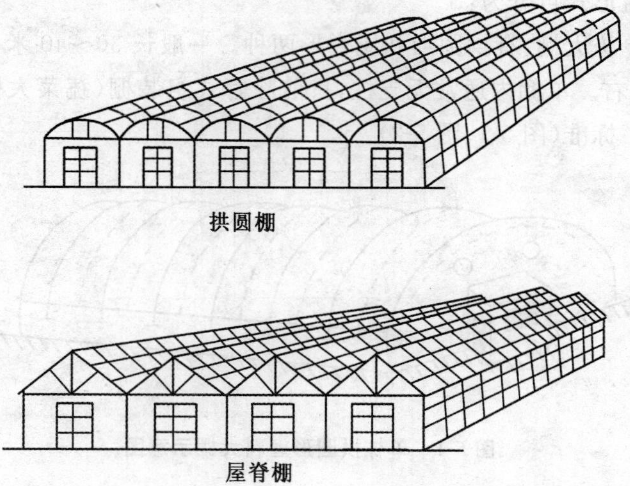

图5-3 连栋式大棚示意图

温室平面形状应接近正方形，其周长最短（除圆形外），耗用的材料也最省。而单栋大棚为狭长的长方形，耗用的材料相对就多。连栋大棚可建成接近正方形，其覆盖面积大，与单栋比，相对成本较低，而且气温和水温均较稳定，但通风、降湿比单栋大棚差。因此，连栋大棚比单栋好，但连栋数目不宜过大。

温室须加温养殖，因此从保温效果和节约能源考虑，一方面就要求大棚的边墙和池底要填加一定厚度的保温材料，另一方面塑料薄膜必须覆盖两层，一般两层之间相隔15～30厘米，以降低冷热气流的传导、辐射对流现象。通常双层比单层能提高气温4～6℃。

大棚常用的薄膜有聚氯乙烯和聚乙烯两种，厚度为0.10～0.12毫米。两者的透光性相似，所透过的可见光为露天的80%～85%，但聚乙烯薄膜透过红外光和紫外光较聚氯乙烯强，所以保温性能稍差。薄膜经过一段时间使用后，由于大量灰尘、水汽等影响，透光率会减少30%～40%，因此最好使用无滴抗老化薄膜。聚氯乙烯薄膜黏接和热补的温度为130℃，聚乙烯薄膜约为110℃。通常用100～200瓦的电烙铁或200瓦的电熨斗黏接。对黏接不便的破洞或裂缝可用黏合剂粘补。聚氯乙烯薄膜用环乙酮粘补，聚乙烯薄膜用XY404黏合剂（也可用于修补聚氯乙烯薄膜）。这些黏合剂均易挥发、易燃烧，操作时应注意安全。

近年来有些大棚改用万通板代替塑料薄膜，解决了薄膜容易破损、寿命短的问题，效果良好。万通板是一种瓦楞纸结构的新型PP(PC)塑料材料，具有中空质轻、隔热、透光、容易加工等优点。厚度26毫米，尺寸一般为2米×0.8米。使用寿命3～4年。

b.砖混结构温室：该温室用钢筋混凝土框架，砖砌四壁，其池底、四壁和房顶均填加保温材料，屋顶为轻型结构，窗户为双层。从保温效果来看，其密封性能好，热量散失少；而且由于使用空间增加，水的容积大，热容量也大，温室内温度容易保持稳定；并首次做到不受外界影响，可进行常年生产。采用微流水、生物包技术（水和空气的生物净化），将植物种植和动物饲养有机结合起来，保持了温室主要生态因子的平衡。其生态环境好，能量利用率高，换水量少，病害较少，鱼类生长较快，劳动生产率高。这种温室称为“生态型”温室。现以“生态型”温室作为砖混凝结构温室的代表介绍如下。

3."生态型"温室的主要结构

①形状:温室的平面形状近似正方形,一般为单跨四开间或双跨四开间的双层墙面建筑,跨度为30～40米,每开间宽度为7～9米,建筑物长通常不超过50米。紧邻温室南墙为一套沉淀、过滤、净化、加温池,其上安置塑料大棚,大棚上端架在南墙窗户上方,下端架在净化、加温池外侧,形成一"生物包"。见图5-4、图5-5。

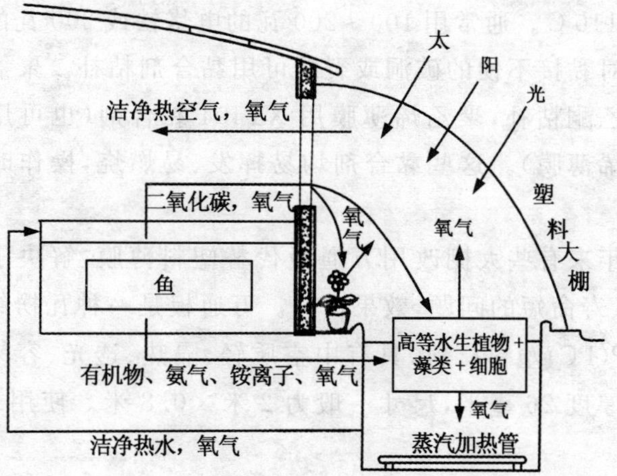

图5-4 "生物包"原理示意图(引自《鱼类增养殖学》)

②温室基础:基础应采用砂浆块石基础或混凝土基础。块石标号不低于250号,水泥砂浆标号大于50号。地基承载力不低于5吨/米²。温室基础应与相邻的水泥池基础分开设置。地基须垫隔热保温材料,一般厚10～15厘米,其基部需用二毡三油防湿处理。

③墙身:为双层墙,外墙半砖内墙一砖,内外墙之间垫隔热保温材料(如珍珠盐、泡沫塑料等),一般厚5厘米。墙面应防湿处理。

④屋面:为薄壳结构,中间垫隔热保温层,一般厚5厘米,表层

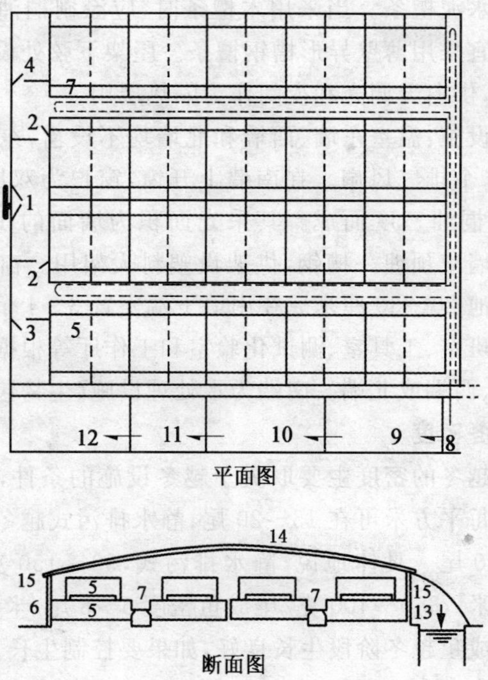

图 5-5　"生态型"温室平面和断面图

1.工作厅　2.值班室　3.测试化验室　4.工具室
5.稚、幼鱼池(上、下层池)　6.隔热墙　7.走道和排水沟
8.压水池　9.反滤池　10.正滤池　11.净化池　12.加热池
13.生物包　14.屋顶　15.双层窗

二毡三油防湿处理。如设天沟,其上垫隔热保温材料,表层二毡三油防水处理并与屋面连成一个整体。屋面按培育池位置开设天窗,使冬季白天阳光能直射培育池。天窗为双层玻璃,其总面积为屋面的5%～7%。

⑤屋架与檩条:轻质屋架可用钢筋弯曲焊接而成钢筋屋架,或采用钢筋混凝土屋架。其支柱均采用钢筋水泥柱。屋面檩条宜采

用木檀条或水泥檀条。当采用木檀条时，应涂刷桐油三度。镶嵌玻璃的屋面宜采用薄壁异形槽钢檀条。屋架下弦处设可开启式银白色遮光帘，供白天调光和夜间作为隔热层用。

⑥通风设施：温室东墙、西墙和北墙均不设窗，东墙和西墙上端安置2～3个排气风扇。在南墙上开窗，窗户为双层结构，材料用杉木涂刷桐油三度而成。其采光面积为墙面的1/10～1/20。窗户上端外墙应预埋一槽钢，供架设塑料大架用。窗台标高应高出下层培育池20～30厘米。在南墙下端安置3～4个排气风扇。

通常值班室、工具室、测试化验室和工作厅等根据地形安置在温室的东端、西端或北端。南端为水处理设施（生物包）。

（三）越冬密度

河鲀鱼越冬的密度主要取决于越冬设施的条件，一般流水式的越冬密度每平方米可在15～20尾；静水排污式越冬密度每平方米可在6～10尾。具体地说，静水排污式，50～150克/尾鱼种密度为10尾/米^2，350～400克/尾成鱼密度5～8尾/米^2。这样的条件下，鱼种、成鱼越冬阶段生长良好，如果要控制生长，则可以相对增加越冬密度。

（四）越冬期的饲养管理

越冬期的饲养管理的主要内容是：水质的处理、水温的控制和饵料的投饲。除成鱼可以直接上市或加工处理外，鱼种（除海南、广东地区）都要进行越冬生产，也就是说，越冬管理是河鲀生产中的一个必然环节，对生产的成败起到了决定性的作用。

1. 水质的处理　工业化养鱼采用封闭或循环用水，水处理后重复使用（只在排污后补水，不换水），其目的是去除水中杂质，部分悬浮物、COD、NH_3-N等，使COD的含量大大降低，水质符合河鲀越冬要求。设施条件先进的有水中去氮器、浸没与滴滤式生物滤池，常规的可以采用机械或人工吸污、排污的方法进行。

2. 水温的控制　河鲀越冬的水温要求在20℃以上，根据生产的要求,让河鲀长期生长,水温可以控制在23～25℃。先进的方法有水温自动监控装置。最简单的方法是人工测水温后,通过调节蒸汽或温水的流入量控制水温。

3.溶氧的控制 为了使水体的溶氧呈饱和状态,先进的工业化养鱼普遍采用纯氧、液态氧、分子筛富氧、膜分离氧等新技术,而常规的生产一般采用水汽混合增氧法,如用罗氏鼓风机、接底排气管或气泡石等。由于河鲀鱼鳃腔较小,对溶氧要求高,一般供气是不间断的,若密度小或室外大池,则可用增气机等。

4.投饵管理 在温室内越冬的河鲀鱼,除密度大于室外池塘养殖外,其他条件基本一致,投饵的要求与苗种、成鱼生产相同,必须做到"四定",决不能让残饵影响水质。

5.其他日常工作 坚持对河鲀的吃食健康情况的观察,注意水质变化,确保机械运转正常,保证备用机械的完好,以防不测。另外,必须注意根据鱼体的增长,增设饵料台,以防止咬尾,若发现烂尾、出血、病变,及时做好药物处理。整个越冬生产必须有日记,以利于总结和改进。

第六章 河鲀鱼养殖的病害防治

鱼病学是在养鱼生产的基础上形成发展起来的,它的内容迄今仍主要限于对具有一定养殖历史的鱼类疾病的研究。河鲀鱼原来的自然产量很高,人工养殖的工作只是在近几年自然资源临近枯竭阶段开展起来的。因此,目前的鱼病学只是原淡水养殖鱼类疾病学,对河鲀鱼病害的研究尚是空白。因此,本章中鱼病的预防、鱼病检查和诊断是与常规一致的,而关于河鲀鱼病害防治的内容是十分肤浅的,只是对近几年有关养殖专家所遇到的为数不多的疾病情况与我们开展的工作结合起来加以阐述。

一、鱼病的预防

鱼病的预防工作是搞好鱼类养殖生产的重要措施之一。由于鱼类生活在水中,鱼病不易及时发现和正确地诊断,即使治疗也难以立即奏效。内服药一般只能由鱼主动吃入,所以当鱼患病较重时,已失去食欲,即使有特效药物,也很难达到治疗效果。体外用药,一般采用全池遍洒和浸洗的方法,这只适用于小面积的池塘。防病工作在养鱼业中显得特别重要,多年来的实践证明,鱼病的防治工作只有贯彻“全面预防,积极治疗”的方针,争取“无病先防,有病早治”,才能保证养殖鱼类的单位面积产量和质量。在长期的生产实践中人们总结出了独特的“四消四定”的有效预防措施,使养殖鱼类的发病率大为降低。在预防措施上,既要注意消灭病原,切断传染与侵袭途径,又要提高鱼体的抗病力,采取综合性的预防措施,才能达到预期的防病效果。

(一)控制和消灭病原体

1.彻底清塘　池塘是鱼类生活栖息的地方,也是鱼类病原体的繁殖场所,池塘环境的清洁与否,直接影响到鱼类的健康,所以一定要彻底清塘。通常所说的彻底清塘,包括两个内容:一是清整池塘;二是药物清塘。具体内容在前面讲述过,这里不再叙述。

2.鱼体消毒　多年来的实践证明,即使健康的鱼,也难免带有一些病原体,因此,清塘消毒过的池塘,若放养不经消毒处理的鱼种,仍会把病原体带入塘中。在鱼体消毒前,应认真做好鱼体病原体的检查工作,从病原体的不同种类,分别采用不同的药物进行鱼体处理,鱼体的消毒采用药物浸洗法(或药浴)。

(1)漂白粉消毒。用每立方米 10 克的漂白粉(含有效氯 30%)水溶液浸洗鱼种,消毒的时间视水温高低,鱼的游动情况灵活掌握,约经 10 分钟,漂白粉浸洗消毒能防治细菌性皮肤病和鳃病。

(2)漂白粉和硫酸铜合剂消毒。每 1 立方米水体用漂白粉 10 克和硫酸铜 8 克。使用时应注意将漂白粉和硫酸铜分别溶化后再混合,浸洗 20～30 分钟,除了能防治细菌性皮肤病和鳃病外,还能防治由原生动物引起的大部分皮肤病和鳃病。

(3)高锰酸钾消毒。用每立方米 20 克高锰酸钾水溶液,水温在 10～20℃时,浸洗 30 分钟左右,主要用于防治锚头鳋病、指环虫病和三代虫病。

此外,还有多种药物用于鱼体消毒,例如 10 克/米^3 敌百虫(90%晶体)、5 克/米^3 孔雀石绿、2%～4%食盐水溶液等,详见鱼种浸洗消毒用药物表(表 6-1)。

3.饵料消毒　病原体往往能随饵料带入,因此投放的饵料必须清洁新鲜,最好能经过消毒处理。动物性饵料,如螺蛳等一般采用活的或新鲜的洗净即可。此外在商品饵料中投入少量土霉素残渣(按饵料量的 5%比例混合),既可起到抑菌消毒作用,又可增加营养，加速鱼类生长。

表 6-1　鱼种浸洗消毒用药表

项目	浓度（克/米³水体）	水温（℃）	浸洗时间（分钟）	可预防治疗的鱼病	注意事项
硫酸铜漂白粉合用	8～10	15～20	10～15	细菌性烂鳃病、赤皮病、隐鞭虫病、口丝虫、车轮虫、斜管虫、毛管虫等	①浸洗时间视鱼体健康程度和水温高低作适当调整 ②使用漂白粉时要测定含氯量（低于10%不可用），使用时要当时配制溶液，时间长后无效 ③两种药物合用时分别在容器中溶解，待全溶后一同泼入水箱中
硫酸铜	8	15～20	15～20	隐鞭虫病、口丝虫、车轮虫、斜管虫、毛管虫等	
漂白粉	10	15～20	10～15	细菌性皮肤病和鳃病	
高锰酸钾	20	10～20	15～20	三代虫、指环虫、车轮虫、斜管虫等病、锚头鳋病	①同上① ②药液须当时配制，时间长了失效 ③不可在阳光直射下浸洗
孔雀石绿			20～30	水霉病	
食盐	3%～4%		5	水霉病、车轮虫、隐鞭虫病	
敌百虫面碱合剂	5 3	15～20	10～15	三代虫、指环虫	①须当时配制 ②敌百虫 90%晶体

注：表中硫酸铜、漂白粉等药在使用时，浸洗时间还应考虑鱼的体质，视鱼的忍耐程度而定。

4. 工具消毒　养鱼用的各种工具，往往是传播鱼病媒介，因此发病池所用的工具，应与其他鱼池使用的工具分开，避免将病原体从一个鱼池带到另一个鱼池。若工具缺乏，无法做到分开使用时，应将发病池用过的工具，消毒处理后再使用。一般网具可用 10 克/米^3 水体硫酸铜溶液浸洗 20 分钟，晒干后再使用；木制工具可用 5%漂白粉溶液消毒处理后，在清水中洗净再使用。

5. 食台消毒　食场内常有残余饵料，残饵腐败后常为病原体的繁殖提供有利条件，此种情况特别容易在水温较高，鱼病流行季节发生。因此，应每隔 1～2 周，在鱼吃食以后，食台用漂白粉消毒一次，其用量一般 250 克，即先将漂白粉溶化在 10～15 千克水中，然后在食台水面泼洒消毒。在进行食场消毒时，所选用的药物及其用量，可根据鱼病流行情况、食台大小、水深及当时的水质和水温而定。

6. 体内鱼病的药物预防　体内病原的药物预防常采用口服法，将药拌在饵料中制成药饵投喂，用药的种类、药量及次数与治疗一样，随各种鱼病而不同，注意事项如下：

(1)饵料必须选择鱼喜欢吃，可以掺入 20%的鲜鸭肝。

(2)若黏性不够，须加黏合剂以免遇水后很快散失，但又不宜过黏，常用黏合剂有山芋粉、面粉等。

(3)药饵的大小视鱼而定，也可以是较软的块状。

(4)药量的计算应尽可能较准确地估计病鱼的体重。

(5)投饵应比平时少 2～3 成，以使鱼饵每天能吃完。

(二)增强鱼类抗病能力

病原体是否会引起鱼生病，要看鱼体本身和外界环境条件，在相同环境条件下，同种鱼年龄相同，体质弱的易于发病(当然鱼发病是受多种内、外因素所影响，这里且不谈)，因此，为了使鱼类不发病或少发病，具体措施如下。

1. 做好“四定”投饵(定质、定量、定位、定时)　这项措施主要是通过饲养管理，增加鱼体对致病因素的内在抗病力。“定质”是指投喂的饵料要新鲜和有一定的营养成分，不含有病原体或有毒物质。“定量”是指每次投饵的数量要均匀适当，河鲀鱼一般以0.5～1小时内能吃完的量为适宜。若有吃剩的残饵，应及时捞掉，不应任其在池内腐烂发酵，败坏水质。“定位”是指投饵要有固定的食场，使鱼养成到固定的地点（食台或食场）吃食的习惯，这既便于观察鱼类动态，检查池鱼吃食情况，在鱼病流行季节又便于进行药物预防工作。“定时”是指投饵要有一定时间，如每日投喂2次，即上午8：00～9：00一次，下午3：00～4：00一次。在时间上不是机械的，应随季节、气候的变化作适当的调整。如早晨重雾、浮头或下大雨，应适当推迟投饵时间。在密养流水池投饵的原则是“少吃多餐”，即投饵次数要多，每次的投饵量要少。

2. 加强日常防病管理　发现病情，要及时处理，以防止鱼病的发展和蔓延。池鱼生病大致有以下几种早期征兆：①鱼体消瘦，色发黑，离群独游或停在池边；②鱼体浮出水面；③鱼的吃食量突然减少；④池中突然间出现死鱼。

日常管理要注意观察水质，定期加注新水，改善鱼池环境卫生，勤除敌害及中间宿主，及时捞除残饵及死鱼；定期清理食场，制止病原体的繁殖和传播。

3. 细心操作，防止鱼体受伤　在水环境中或多或少地存在着致病菌或寄生虫，鱼体受伤时，就会造成病菌或寄生虫的侵袭机会。因此拉网扦捕、进箱搬运时，操作应当认真，因为河鲀鱼无筋刺，内脏极易受挤压而造成内脏出血死亡。

二、鱼病的检查和诊断

为了有效地治疗鱼病，首先必须对疾病进行正确的检查和诊断，只有对症下药，才能收到应有的治疗效果。检查和诊断鱼病的方法可从三个方面进行。

(一)发病鱼塘现场调查

鱼病的发生除了病原生物直接感染和侵袭外，还应考虑池塘周围环境和水体物理、化学状况的变化对鱼类发病的影响。发病鱼塘现场调查可全面查明发病原因，为及时发现和正确诊断鱼病提供依据。

1. 调查发病鱼塘的环境和发病史　发病鱼塘环境包括周围环境和内环境。前者是指了解池塘周围有哪些工厂，工厂排放出的污(废)水含有哪些对鱼类有毒的物质，这些污(废)水是否经过处理后排放等等。后者是指池塘水体环境。要着重了解放鱼种前清塘的方法、清塘药物的剂量、清塘后放鱼种的时间、鱼种消毒的药量等等。这对池塘鱼病的发生关系较大。

2. 了解池塘水质状况

(1)水温。水温随着季节而变化，水温高低与鱼病的发生和流行有着密切的关系。一般病毒性鱼病和细菌性鱼病，在水温为25～30℃时，传染性最强，32℃以上和18℃以下毒力减弱。有的寄生虫病，如车轮虫病和指环虫病是夏季危害鱼苗、鱼种的流行病，而有些鱼病如水霉病、小瓜虫病、斜管虫病和鱼波豆病，通常在20℃以下发病，是属于低温季节的流行病。而水温的突然下降也会使河鲀鳍基部充血。

(2)水的酸碱度(pH 值)。池塘有机质多，池水较脏，一般 pH 值偏低，易发生水霉病。酸性水也常常引起嗜酸性卵甲藻病的暴发。pH 值较高的沿海滩涂盐碱池塘，易使三毛金藻大量繁殖，分泌毒素，致使池鱼中毒死亡。

(3)溶解氧。池塘由于长期不清塘，塘底堆积着大量的淤泥和饲料残渣，在高温季节，容易因发酵分解而消耗水中大量的氧气，使溶解氧迅速降低。同时，嫌气细菌分解有机质产生硫化氢、甲烷等有害气体，严重时使鱼类中毒，同时加剧了池水溶解氧的减少。

3. 调查饲养管理情况

(1)了解鱼种放养情况。如果放养过密，就会出现相互拥挤、咬尾、摄食不足、生长不良的现象，鱼体因此对疾病的抵抗力降低，有助于病原感染和传播。

(2)了解投饲状况。投喂的饲料不新鲜或不按照“四定”投喂，鱼类很容易患细菌性肠炎病。

(3)了解养殖过程中的生产操作情况。在养殖生产过程中往往由于放养鱼种、运输和拉网时操作不谨慎，造成鱼体受伤，内脏受压，使细菌、真菌和寄生虫等病原体乘机侵入伤口，引发多种鱼病，如水霉病、内出血等。

总之，了解发病池塘水温、pH 值、溶解氧的变化以及饲养管理和环境因子，对正确查明池鱼发病原因，及时合理拟定防治方案是很重要的。

4. 如何及时发现池鱼发病　鱼生活于水中，患病初期常常不易发觉。要及时发现鱼病，必须坚持每天早、中、晚三次巡塘，观察鱼吃食、活动和体色的变化。

(1)吃食。健康鱼一般食欲旺盛，投喂食料后，很快来食场吃食，通常 20～30 分钟吃完，而且每天食量正常，患病鱼则食欲减退，剩下食料很多或停止吃食。

(2)活动。健康鱼常成群游动，活动灵活，一旦受惊，鱼群迅速散开，患病鱼往往是离群独游或时游时停。

(3)体色。健康鱼体色鲜艳，富有光泽。患病鱼则背部和头部发黑，如细菌性肠炎病等；有的体表分布白点，如黏孢子虫病或小瓜虫病，也有的肌肉出血发红或红鳍红鳃盖，如出血病。

(二)肉眼检查

当前，我国养鱼场和养鱼户，主要是依靠肉眼检查鱼病。根据疾病表现的症状和肉眼所能看到的寄生虫进行诊断。采用这种诊断，要求检查的病鱼，必须是刚死或死后不久的鲜鱼，检查的数量 5～10 尾，检查的部位主要集中在体表、鳃瓣和肠道。

1. 体表　将病鱼置于白搪瓷盘内，按顺序从头部、嘴、眼、鳃盖、鳞片和鳍条等处仔细观察。在体表可看到各种病症状和大型寄生虫。如发现病鱼肌肉、鳃盖和鳍基充血发红，可诊断为低温、擦伤、维生素缺乏症；鱼体生有棉絮状白色物，则为水霉病；鳍条基部或下颌发炎红肿，红点部位有针状虫体，则为锚头鳋病；鱼体生有白点状胞囊，则为黏孢子虫病；肛门红肿，轻压腹部有血黄色黏液从肠道流出，则为肠炎病；体表、鳍条布满着大小均匀的白色小点薄层，则为小瓜虫病。

2. 鳃瓣　用剪刀将鳃盖除去，观察鳃丝有否异常。若发现鳃丝腐烂，末端软骨外露，黏液较多或附有污泥，则为细菌性烂鳃病；鳃呈粉红色或有时有点状充血，则为鳃霉病；鳃丝末端挂着似“绳蛆”一样的白色小虫为中华鱼蚤病；鳃丝苍白，多黏液，鳃盖张开，则为指环虫病；鳃丝上有白点或胞囊，则为黏孢子虫病。

3. 肠道　剪刀从肛门伸入，向前剪至胸鳍基部，然后再回肛门部位向左上方沿侧线剪至鳃盖后缘，向下剪至胸鳍基部，除去整片侧肌。先观察内脏有无腹水，后用剪刀从靠咽喉部位的前肠和肛门的后肠剪断，取出整个内脏置于盘中，将肝、胆、脾、鳔等器官逐个分开，再剪开肠管，去掉肠内食物残渣和粪便，进行仔细观察，若发现肠壁充血发炎，即为肠炎病；肠壁有稀散或成片的小白点，则为黏孢子虫病或球虫病。

(三)显微镜检查

肉眼通常局限于症状较明显的鱼病和大型寄生虫病，而对一些症状不明显和小型寄生虫引起的鱼病，则需要经显微镜检查，检查的部位重点是体表、鳃丝和肠道，必要时还可检查其他器官。

1. 体表　用解剖刀刮取少许黏液置于载玻片上，加滴适量蒸馏水盖上盖玻片，放显微镜下检查。镜检常可发现车轮虫、斜管虫、鱼波豆虫、杯体虫和小瓜虫等寄生虫，若发现白点或黑色孢囊，压碎后可看到黏孢子虫或吸虫囊蚴。

2. 鳃丝　用剪刀将左右两边的鳃完整地取出，分开放在培养皿内，做好左右标记。先用肉眼检查，后用小剪刀剪取一小块鳃组织放在载玻片上，滴入适量蒸馏水盖上盖玻片，放显微镜下检查。在鳃上看到的寄生虫有鳃隐鞭虫、鱼波豆虫、车轮虫、斜管虫、毛管虫、杯体虫、黏孢子虫、指环虫和血吸虫卵等。

3. 肠道　剖开腹腔，取出肠道。剪开肠管，分别取前、中、后三段肠壁上的少许黏液置于载玻片上，滴入适量生理盐水，加盖玻片放显微镜下检查，可发现黏孢子虫、球虫、六鞭毛虫以及虫卵。

4. 镜检注意事项

(1)检查的鱼体(即刚死或未死的病鱼)和取出的各器官要保持湿润。

(2)检查器官用过的解剖工具，须洗净后再用。

(3)使用显微镜时，先用低倍镜后再转高倍镜检查。没有显微镜，也可用倍数较高的放大镜。

三、河鲀鱼的病害及防治

河鲀鱼与其他鱼类的差别是体外没有硬鳞覆盖，但其鱼病的发生也极具一般性和特殊性，目前发现的鱼病中有寄生性鱼病、非寄生性鱼病、机械损伤及水质污染、营养不良等多种。

(一)海水养殖品种(红鳍东方鲀)的常见病害

红鳍东方鲀养殖的成功与否，关键是控制养殖过程中的自相残杀和防止病害的发生。目前，红鳍东方鲀苗种和养成生产中，常见的病害有：

1. 苗种生产阶段的疾病

(1)气泡病：该病常发生于苗种生产的室外培育期。由于光照过强，水体中单细胞藻类繁殖过快引起。患病鱼苗体内有气泡，漂浮于水体表层，鱼体不能正常潜入水中游泳摄食，从而造成鱼体死亡。因此，室外培育时，太阳光照过强应采用遮光设施，抑制水体中的光照强度，或在培育中使用不易产生气泡的硅藻类，一旦发现气泡病的前兆，应及时换水。

(2)肌肉萎缩病：饵料不适或缺乏维生素E的鱼苗容易产生这种病害。其症状为：鱼体体色微黑，身体消瘦，对环境变化的适应力差。外观与长期不摄食而产生的饥饿鱼相似。鱼种培育过程中发现有这种病鱼，表明投喂的饵料营养价值有缺陷。一般来讲，河鲀鱼的养殖中应避免投喂脂肪含量高的饵料，同时在饲料中还应添加一定量的维生素E。

(3)细菌感染病：在苗种生产中，常常会出现鱼苗受细菌(主要为弧菌)感染的现象。该病的发生往往是由于操作过程中鱼体受到损伤后引起，可用一定量的抗生素进行药浴或结合投喂进行治疗。

2.养成期间的疾病

(1)黄脂病：该病多发生在连续投喂2～3周以上脂肪含量较高、鲜度差的冰冻鱼(秋刀鱼、沙丁鱼等)。症状为：游泳不活泼，体色发黑或灰白色，斑纹不明显。解剖检查，病鱼肝脏呈黄褐色，腹腔内的脂肪层产生黄色的稍硬块状物。一旦发现这种病，应立即改投新鲜的低脂肪含量的杂鱼，在饵料中添加维生素，对治疗该病效果颇佳。

(2)弧菌病：此病多发于夏季高温。往往由于外伤和饵料不适所产生的消化道炎症而引起。有时发生在分苗或换网之后。症状为：消化道出血，肝脏出现血斑，肛门四周发红。该病可用一般的抗生素药物治疗。

(3)无机盐过剩病：该病系饵料搭配投喂不当引起。在一个网箱中，通常生长较好的个体先发病，然后遍及全部鱼体。症状为：游泳不活泼，摄食不积极，死亡后全身显著变硬。出现该病时，饵料应全部改投新鲜杂鱼即可得到缓解和治疗。

(二)淡水养殖品种(暗纹东方鲀)的常见病害

与海水养殖的红鳍东方鲀一样，淡水养殖的暗纹东方鲀自相残杀现象并不明显，而生产过程中病害的防治是十分关键的技术措施之一。在暗纹东方鲀苗种和养成及越冬生产中常见的病害有：

(1)肌肉萎缩症：在幼鱼阶段常发生，饵料不适及缺乏维生素E容易产生这种病。症状为鱼体色微黑，消瘦，适应环境能力差。治疗时避免投喂含脂肪高的饵料，同时投喂添加维生素E的配合饵料。

(2)弧菌病：病原体为鳗弧菌。症状为眼球周围发红，内脏无异常现象。目前尚无特效药物。

(3)车轮虫病：为车轮虫寄生所致。症状为体表及鳃的黏液过多，可用显微镜确诊。治疗药物通常使用亚甲基蓝和福尔马林溶液(用量见下表)。药量分三个梯度，如果第一梯度效果不理想，再用第二、第三梯度。

浓度药剂	低	中	高
亚甲基蓝	1克/0.6米^3	1克/0.5米^3	1克/0.4米^3
福尔马林	0.43升/米^3	0.5升/米^3	0.55升/米^3

药浴方法采用塑料布套在网箱内，调好药剂后将鱼捞入，药浴30～45分钟，药浴时要充氧，防止鱼缺氧。池中可以用网把鱼赶到一起再用药。

(4)指环虫病：为指环虫寄生所致。症状为体表黏液部分白浊，皮肤、鳍发红，并有出血，可用显微镜确诊。治疗、药浴与车轮虫病的治疗一样。病死鱼要尽早捞出，以防病蔓延。

(5)绿肝病：病因为缺乏营养。症状为鱼腹轻度发红，肝脏呈绿色，投喂添加维生素E即可治疗。

(6)黄脂病：由于长期投喂脂肪含量高、鲜度差的冻鱼和鸭肝，饵料脂肪氧化而具毒性所致。症状为游动缓慢，体色发黑或灰白色，斑纹不鲜明，肝脏呈黄褐色，腹腔内脂肪层产生黄色、稍硬的块状物。改投新鲜饵料和定期改换饵料种类，并添加维生素E可使症状减弱。

(7)腐皮病:亦称赤皮病,病原体为荧光假单胞菌,当鱼体受机械损伤或冻伤时,病原菌乘虚而入,病鱼体表出血发炎,河鲀鱼不明显,但皮肤一碰即掉。捕捞后,越冬池最易暴发流行。发病时内服血宁Ⅰ号、Ⅱ号,每1 000千克鱼吃药1千克。全池用生物净化剂或光合细菌。

(8)小瓜虫病:病原体为多子小瓜虫,当寄生虫侵入鱼的皮肤或鳃组织后,引起组织增生和发炎并产生大量黏液,形成白色孢囊,严重时体表覆盖一层白色薄膜,鳍条裂开腐烂。病鱼反应迟钝,发病急,死亡率高。越冬期水温在21～23℃高发,可用0.2～0.4毫克/升孔雀石绿浸洗。越冬期也可以一天中把水温逐渐调到30℃,保持48小时。大面积生产时每亩水面用2千克鲜生姜切成片和0.5千克辣椒粉加12千克水煮沸,兑水到50千克全池泼洒。

(9)烂尾病和内出血:这两个病状均系人为所致,除细菌性烂尾外,绝大多数是鱼种投放密度大,食台少,鱼争食相互咬尾所致。内出血除营养不良外,主要是操作时鱼体受挤压所致。因此,捞鱼时一定用捞海操作,运鱼时,桶中多带水,少装鱼,以免河鲀鼓气受挤,造成外表无症状的死亡。这一情况属于河鲀鱼的特殊性,河鲀鱼无筋刺保护内脏,很容易发生受挤损伤。因此,在运输、分塘、捕捞操作时都必须引起足够重视。

第七章　河鲀鱼养殖实例

河鲀鱼的养殖历史较短，不论是海水品种的红鳍东方鲀和假睛东方鲀（主要是网箱养殖），还是长江洄游品种暗纹东方鲀、弓斑东方鲀（主要是工厂化或池塘养殖），成功的养殖经验不少，但无系统的养殖资料，除了《河鲀鱼及其加工利用》（李晓川、林美娇主编，中国农业出版社）以外，水产专业杂志上的养殖介绍也不是很多，作为科研、养殖的探讨，作者所在的南京市水产科学研究所承担了江苏省海洋与渔业局的农业三项更新项目，本章则简单列举我们项目组所开展的，从苗种培育、成鱼养殖到苗种与成鱼越冬等实际工作所集累的有关资料，仅供参考。

一、暗纹东方鲀鱼种培育的试验研究

1. 材料与方法

（1）材料来源：1999 年 7 月 11 日从南京市水产良种场引进 3～3.5 厘米夏花 3 000 尾，尾重 3.67 克。池塘选用南京市水产科学研究所禄口试验示范基地中区 6 号北小池，面积 2 亩，四周为砖砌护坡，淤泥深 30 厘米，排灌方便，并配 2.2 千瓦喷水增氧机一台。

（2）养殖的技术措施及方法：每亩用 85 千克生石灰撒于水池，清池后 5 天用 80 目筛绢网过滤进水，使池水深达 80 厘米，并在夏花下塘前 10 天用青草每亩 600 千克堆肥，培育水质，使夏花下塘后有适口的生物饵料。夏花下塘时每 100 尾用 10 万国际单位青霉素浸浴 5～8 分钟，以防细菌携入试验区。放养后第二天起用甲鱼饵料（最好是鳗鱼饵料）混加切碎的新鲜鸭肝和少量的水搓成直径 3～5 厘米的饵料团，黏附在直径 0.4 厘米聚乙烯绳上，进行引食。绳子上每隔 2 米设一个浮子，以防下沉，一般 4～6 天均能引食到位。投饵量除天气、水质因素外，主要依据上一顿投饵后两小时以内吃食情况而定。通常情况下上午 9:00、下午 4:30 各投喂一次。前 30 天可投喂蛋白含量较高的饵料，30 天以后则鱼种长到 8～10 厘米，有条件的也可专喂鲜鸭肝。8～9 月份要注意水质管理，可常加注新水或 15～20 天换去池水 1/4，并合理开动增氧机。为防止鱼病发生，每月用 0.5 毫克/升 $CuSO_4$（硫酸铜）全池泼洒一次，饵料中加入土霉素（Terramycin）3‰，每月 2 次。

(3)生物学测定：鱼种培育过程中结合拉网检查进行生物学测定，掌握其生长规律。由于河鲀鱼与其他鱼类体形差异大，无法测其体高，试验组则采用软质细线测其最大胸围，并从中得出经验常数。

表 7-1　不同时期生长情况测定表

日期	尾数	总重量(克)	平均规格(克/尾)
7.11	60	220.2	3.67
8.4	52	350	6.73
8.24	49	990.3	20.21
10.19	45	2 587.5	57.5

2. 结果与效益分析

(1)结果：通过表 7-1 获得河鲀鱼生长速度的数据，100 天中净增重达 14.67 倍。

(2)效益分析：10 月 19 日干池验收，平均规格尾重 57.5 克，2 328 尾共计 133.86 千克，以鱼种市价 300 元/千克计算。具体收益情况见表 7-2，表 7-3。

表 7-2 产值情况分析表

日期	尾数(尾)	规格(克)	单位价	产值(元)
8.24	600	20.21	8 元/尾	4 800
10.19	2 328	57.5	300 元/千克	40 158
合计	2 928			44 958

表 7-3 成本情况分析表

类别	数量	单价(元)	总值(元)
甲鱼饲料	140 千克	8.6	1 204
鸭肝	506.25 千克	3.0	1 518.75
鱼种	3 000 尾	4	12 000
塘租	2 亩	500	1 000
人工	2 亩	400	800
水电	2 亩	150	300
药物	2 亩	120	240
其他			300
合计			17 362.75

从表 7-3 分析得到,每生产 1 千克河鲀鱼需耗甲鱼饲料 0.96 千克,鲜鸭肝 3.47 千克,每千克鱼种成本为 119 元。试验池每亩净利润达 13 797.63 元。

(3)养殖前景:随着暗纹东方鲀人工繁殖技术的成功和养殖河鲀低毒的科学论证以及河鲀鱼安全加工水平的提高,特别是受市场价格高的驱使,目前虽然河鲀鱼仍作为有关部门禁止上市的品种,但可望在近几年里逐步规范地进入特定的消费市场。

二、暗纹东方鲀池塘高效养殖试验

1. 材料与方法

(1)鱼种及放养。鱼种采用本所现代渔业(禄口)科技示范园

1999 年夏花培育成的越冬鱼种，考虑到操作与外界水温差以及早下池早适应早生长的因素，鱼种放养在 2000 年 4 月 28 日进行，放养时，提前一周调节越冬池水温，使水温控制在 20℃左右，与池塘水温差不超过 1～2℃。鱼种规格为 100～150 克/尾，亩放养量 696 尾。

(2)池塘及设备。选用科技示范园内排灌方便、砖石护坡、消毒清淤过的中区 5 号小 1 号池，面积 2 亩，水深 1.5～2.0 米，并在进水口设 60 目过水网，以防杂鱼混入，池中设 2.2 千瓦喷水增氧机一台。

(3)饲养及管理。鱼种放养后 2 天即用吊鲜鸭肝的方法进行引食，当 4～5 天引食到位后，开始设 60 厘米×45 厘米×15 厘米食台 6 只进行投饲，食台用直径 6.5 毫米钢制框架，上蒙一层 20 目渔网，每天投喂两次，每次投喂量视吃食情况而定，一般以投喂后 30 分钟吃完为标准，视其快慢考虑增减，当饵料吃完后，收起食台晾干。饵料以新鲜鸭肝、成鳗饲料混合为佳。

(4)防病治病，以防为主，防治结合。在鱼种下池操作时动作轻快，避免机械损伤，并用食盐和孔雀石绿浸浴 2～3 分钟以防治早期水霉病。生产中后期则要注重水质调节，7、8、9 月每 10 天换注新水 30 厘米，每次换水后的 1 周内每亩生石灰 5 千克化水泼洒一次，以改良水质。每月连续 3 天在饲料中加入 3‰兽用土霉素片和 1‰～2‰鱼肝油。天气闷热时，加强巡塘值班，科学使用增氧机，杜绝浮头现象发生。

2. 结果与效益分析　经 6 个月饲养，到 10 月 28 日干池，养殖成活率 96.48%，平时出售成鱼 438 尾，平均规格 325 克/尾，产值 4.47 万元，进入越冬池 904 尾，平均规格 375 克/尾，共 339 千克，按 300 元/千克计算，折价 10.17 万元，实际总产值为 14.64 万元，亩产值 7.32 万元，生产 1 千克河鲀鱼用鳗鱼饲料 1.3 千克，鸭肝 2.7 千克，扣除鱼种、饲料、人工、水电成本开支 8.087 4 万元，实现毛利 6.552 6 万元，亩产量 240 千克，亩毛利为 3.28 万元（表 7-4，表 7-5）。

表 7-4 成本开支明细表

项目	数量	单价	金额（万元）
鱼种	173.86 千克 1391 尾	400 元/千克	6.954 0
成鳗饲料	626 千克	9 元/千克	0.563 4
鸭肝	1 300	3 元/千克	0.390 0
水电、人工	2 亩	600 元/亩	0.120 0
鱼药、其他	2 亩	300 元/亩	0.060 0
合计			8.087 4

表 7-5 产值、效益分析表

项目	数量	平均单价（元/千克）	收入（万元）
平时销售	142.38 千克 438 尾	313.93 元/千克	4.47
越冬生产	339 千克 904 尾	300 元/千克	10.17
合计	481.4 千克		14.64

三、暗纹东方鲀苗种培育及安全越冬试验

1. 苗种培育

（1）鱼种放养：2000 年 8 月 10 日，购南师大与南京市水产良种繁育中心合作生产的 2.5～3.0 厘米夏花 17 000 尾，过数后留在本塘（板桥渔场）培育，池塘面积 6 亩，亩放养密度 2 833 尾，到 9 月 3 日，经 27 天培养后打样过数，规格达 4～5 厘米，总数为 16 000 尾，阶段成活率 94.1%，后继续在本塘培育 54 天，直到 10 月 20～30 日拉网进越冬池，规格达 6～8 厘米，平均尾重 40 克，总

数为 12 500 尾，第二阶段成活率为 78.13%。前后两阶段共培育 81 天，最终成活率为 73.52%。

(2)饲养管理：当鱼种进入 2.5～3.5 厘米的夏花阶段后，每天投成鳗饲料加新鲜鸭肝，投喂量占鱼体重的 10%左右，后期投喂量占鱼体重的 5%左右。在池塘四周设沉底性食台，以 30 分钟吃完为标准，吃完后，洗净食台，把食台提起晒干。7、8、9 月三个月中应十分重视水质管理，经常性地加注新水，对有青苔的鱼池，及时用 0.4～0.5 毫克/升的晶体硫酸铜化水全池泼洒进行清除。

2. 鱼种越冬

(1)鱼种放养及越冬池条件：利用 1999 年夏花培育的鱼种，规格 57.5 克/尾，总数为 2 328 尾，分成两口越冬池放养，越冬池为禄口基地越冬室，面积每口 120 米^2，水深 100 厘米，蒸汽控温，底排式送气，平均放养密度为 9.7 尾/米^2。鱼种进池前用少量食盐浸浴 2～3 分钟，并调节越冬池内水温与外界水温基本一致，一般误差应小于 2℃。

(2)饲养管理：进入越冬池后，第二天进行引食，等适应后即可进行正常投喂，投喂时，用的鲜鸭肝先用开水烫一下，把血水和油脂去掉以免败坏水质，保持越冬池水温在 23～25℃，水温 23℃左右应注意防治小瓜虫病的发生。水温达 25℃时，每 3 天吸污一次，平时有条件的地方充气泵不应停止工作。在整个越冬期间，每 10～15 天用一次"水簇乐"杀菌防病，效果较好。截止到 2000 年 4 月 28 日出池，平均规格达 150 克/尾，出池总数为 1 940 尾，越冬成活率 83.3%。

3. 成鱼越冬

(1)越冬密度及条件：放规格 350～400 克/尾成品鱼 1 420 尾于两个 120 米^2 的越冬池(越冬池条件同上)，平均每平方米越冬密度为 5.92 尾(2.22 千克)。成鱼进池时同样必须控制温差不得大于 2℃，并进行 10‰食盐药浴。为了防止在进池前期水温 23℃

左右时高发小瓜虫病，可以将水温在 48 小时内逐渐升到 30℃以上，并保持水温 2～3 小时。至 5 月初出池，成鱼规格达 460～550 克/尾，成活率达 96.80%。

(2)日常管理：成鱼越冬期间，以成鳗料为主，日投饵量占鱼体重的 5%～6%，为了防止肠道性疾病的发生，可用兽用土霉素和人用维生素 C 片拌入饵料中投喂，每月 2 次。水质的控制可采用隔日吸淤的方法进行。如水源紧张，或为了节约能耗，也可以采用生物净化剂处理，效果特别明显。

4. 结果

(1)对比 1999 年苗种培育与 2000 年苗种培育情况，1999 年苗种培育成活率比 2000 年高 24%，分析其原因有两方面，一是夏花的规格要大，下塘成活高，二是放养密度小，发病率低，成活率高。

(2)在越冬管理过程中，水温必须控制在 24～25℃，23℃左右容易发生小瓜虫病。

(3)定期使用“水簇乐”进行水体消毒，吸淤、换水并结合使用“生物净水剂”是鱼种、成鱼安全越冬的可靠措施。进越冬池时的操作与消毒对鱼种的越冬成活率影响极大。

附录　河鲀鱼的安全卫生管理

附录一　出口河鲀鱼加工企业的加工及检验人员资格认可规定

（国家商检局 1994 年 3 月 28 日发布）

第一条　为了提高出口河鲀鱼的质量，确保食用安全，维护国家信誉。根据《中华人民共和国进出口商品检验法》及其实施条例和《出口食品卫生管理办法》，制定本规定。

第二条　本规定适用于出口河鲀鱼加工企业从事挑选、宰杀和储藏管理的加工人员（以下简称加工人员）及检验人员的资格认可管理工作。

第三条　出口河鲀鱼加工企业的加工及检验人员必须按本规定的要求办理资格认可手续后，方可从事河鲀鱼的加工及检验工作。

第四条　出口河鲀鱼加工企业的加工及检验人员，符合下列条件，经其所在单位推荐，可向所在地直属商检局提出书面申请。

1. 检验人员条件

(1)高中以上文化程度并具有河鲀鱼加工及检验经验。

(2)经过商检局培训，成绩合格。

(3)未患有碍食品卫生的疾病，无色盲色弱等视觉缺陷。

(4)坚持原则，办事公正。

2. 加工人员条件

(1)经过商检局培训，成绩合格，具备一定的河鲀鱼加工及储藏知识,岗位操作熟练。

(2)未患有碍食品卫生的疾病,无色盲色弱等视觉缺陷。

第五条　各直属商检局专家小组,对提出申请的出口河鲀鱼加工及检验人员进行培训、资格审查和理论及实际操作考核。经考核合格者,由各直属商检局颁发"出口河鲀鱼加工及检验人员认可证"并报国家商检局备案。

第六条　"出口河鲀鱼加工及检验人员认可证"由国家商检局统一组织印刷,有效期为三年。获证人员必须持证上岗。

第七条　各直属商检局定期复查和不定期抽查获证人员的工作,对其工作实绩予以评价记录,奖优罚劣。对玩忽职守造成质量事故的责任人,吊销认可证。

第八条　本规定由国家商检局负责解释。

第九条　本规定自 1994 年 6 月 1 日起施行。

附录二　SN/T 0383—95 出口冻河鲀鱼检验规程

1. 主题内容与适用范围

本标准规定了出口冻河鲀鱼的检验场所和设备、抽样、检验、结果评定等。

本标准适用于出口冻河鲀鱼类的检验。

2. 引用标准

SN/T 0376 出口水产品检验抽样方法

SN/T 0377 出口冷冻水产品重量检验方法

SN/T 0378 出口冷冻水产品解冻方法

3. 检验场所和设备

3.1 检验场所　检验场所应是自然光线充足,温度适宜,通风良好,无异味,清洁卫生。

3.2 设备

3.2.1 衡器　所有衡器应符合国家计量部门的有关规定。使用时应按国家商检部门规定的技术规程进行校正。

所用衡器最大称量值应低于被衡样品重量的5倍。特殊情况下，最大称量值可适当放宽，但不得高于被衡样品重量的10倍。

3.2.2 温度计　所用温度计应符合国家计量部门的有关规定，分度值0.5℃。

3.2.3 检验操作台　检验操作台应易于清洗、消毒、耐腐蚀。

3.2.4 荧光灯　波长365纳米。

4. 抽样

4.1 冻前半成品检验　抽样按加工生产日、班分批分别抽取。对不同规格进入速冻前的半成品按不少于5%的比例抽取样品。

4.2 冻后成品检验抽样

4.2.1 不解冻检验　抽样按报验批抽样，每批在500箱以内的抽取2箱样品；每增加500箱增抽1箱；增加数量不足500箱的也增抽1箱。

4.2.2 解冻检验抽样　按SN/T 0376抽样。

5. 检验

5.1 品种鉴别　出口冻河鲀鱼品种必须与合同或标准规定的品种相符，并且应符合进口国(主要是日本)的有关规定。依据中国科学院海洋研究所发表的《中国东方鲀鱼属鱼类分类研究》进行品种鉴别。

5.2 包装与标示检验

5.2.1 包装检验　检验内外包装是否清洁卫生，完整坚固，适合长途运输；检验与产品直接接触用纸是否含有荧光物质。

5.2.2 荧光物质检验　取一定面积(约5 cm^2)的试样纸放入暗室内，用波长365纳米的荧光灯直接照射样纸，如试样纸中含有荧光物质，则试样纸呈现荧光。

5.2.3 标示检验　检验包装上的商品名称、牌名、规格等是否同内容物相符，标示是否清晰，批次是否清楚。

5.3 冻品中心温度检验　将样品放在0～20℃的场所内，用略大于温度计探头直径的钻头钻至冻块几何中心部位，取出钻头，立即插入温度计，待温度指示不再下降时读数。

5.4 品质检验

5.4.1 原料检验

5.4.1.1 色泽　观察河鲀鱼是否呈现该品种鲜鱼固有的色泽。特别注意鱼腹是否出现红色。

5.4.1.2 气味　鉴别气味是否正常，有无异味。特别注意鉴别鱼鳃的气味，将鱼鳃放到离鼻孔1厘米以内处，鉴别其气味。

5.4.1.3 组织　检验鱼体肌肉组织是否紧密有弹性，用拇指沿侧线压鱼体前部1/3处，观察肌肉弹性。并注意检查肛门是否凹陷、紧缩。

5.4.2 冻成品检验

5.4.2.1 冻品外观检验　检验冻块块形是否完整，鱼体排列是否整齐，冰衣是否均匀；散冻鱼是否平直，鱼体是否完整，冰衣是否均匀。注意表皮有无破碎，有无大肠突出肛门外。

5.4.2.2 鲜度检验　对品质，规格，重量，卫生等情况有可疑需解冻检验的，按 SN/T 0378 进行解冻，解冻后按 5.4.1 条逐项检验。

5.5 杂质检验　将解冻后的鱼倒在操作台上，检验有无杂质。

5.6 重量检验

5.6.1 半成品直接称重，先称毛重，后称皮重。

5.6.2 成品按 SN/T 0377 检验。

5.7 规格检验

以条重定规格：将样品倒在操作台上，逐条称重。

6. 结果评定

将上述检验结果做好记录，根据合同或标准，综合判定合格与否。

附录三　日本河鲀鱼管理历史沿革及法规

有关对河鲀的处理技术及卫生安全管理方面的法规，在日本方面分为国家制定的《食品卫生法》及各都、府、县分别实行的食品卫生安全条例及施行细则等。食品卫生行政组织以厚生省为中心，其主管机关为厚生省生活卫生局与检疫所等。县府设置保健所，在市设有卫生主管部与保健所，管理食品卫生有关之行政业务及事业。食品业者及消费者以保健所作为第一线，方便与工作上的联系，并就近方便向保健所的工作人员请教有关问题及业务经营管理的改进事宜。日本于 1983 年由厚生省通告各地方政府实行《确保河鲀卫生》的法规，另于 1984 年颁布河鲀输入的管理规定，主要规定为无毒河鲀才能贩卖，另规定通过河鲀料理师考试领有执照者才能开业或料理河鲀。对于申请考试者的资格有相当严格的规定，如高中以上毕业，有河鲀料理实践经验 5 年以上等。测验的科目包含卫生法规、对河鲀的知识及处理的知识等。渔获河鲀后在船上先行剪除其牙齿，可以防相咬，回港后有鱼市场的品种顾问鉴定品种。鱼货先后置于各渔船在鱼市场内专属的水槽暂养，各水槽皆加盖上锁以保安全，水温 20℃，有打气设备。拍卖时先行选择大小并标示所属船名。承销人采购后直运料理店或消费市场或在市场内专门的处理场所当场处理。市场贩卖处所须陈列职责机关所核发的有关证明，处理人员须有河鲀料理师营业执照。

为了防止并杜绝河鲀中毒，保障人民群众的生命安全，必须做到以下各项：

1. 从捕捞、养殖、加工到收购、供销必须建立完善的河鲀鱼处理规定和办法，使有关人员有章可循，并确立严格的检查和现任制度以保证规章制度能够彻底执行。

2.加强河鲀鱼的安全卫生宣传，利用各种新闻媒介和不同的形式渠道向广大渔民、水产从业人员和广大的消费者宣讲河鲀鱼的知识，包括河鲀鱼的特征、常见的河鲀鱼种、河鲀毒素的存在部位及其危害等等。使消费者特别是沿海居民对河鲀鱼有充分的认识，藉以防止误食中毒等现象的发生。

3.捕捞的河鲀，在船上就必须作分别贮藏，到岸后必须由公司统一收购，然后由公司集中统一加工处理。严禁河鲀进入市场或混入其他水产品中。

4.统一收购的鲜河鲀，应选择适于加工的鱼种集中加工处理，加工处理时必须由熟知河鲀鱼的专人负责，并定出严格的操作规程(该规程须经上级核准或由上级主持制订)，操作人员上岗前必须经过培训。加工时必须有专职员工负责做好剖割、洗涤各工序的检查工作，对有潜在危害的关键控制点要严格把关。

5.加工时应去掉内脏、鱼皮、鱼头，洗净血污，河鲀的胴体部分要用流水反复冲洗，并在 2% 的碳酸钠溶液中浸泡 24 小时以破坏河鲀毒素，然后用清水冲洗到近中性，使河鲀毒素降到对人无害的程度。

6.加工后的河鲀肉须经卫生防疫机构检验，而且要有代表性的抽样检查合格证明无毒后才能销售。

7.不新鲜的河鲀，不得进行加工，更不能食用。河鲀内脏、鱼头、鱼皮、卵巢、精巢、肝脏、眼睛、鳃、脊、血块(肾脏)等废弃物要用不漏水的专用器具盛贮并做专门的处理，如深埋土中或以火焚之，不准随意丢弃或挪做他用。

8.严禁河鲀鱼上市出售，供销单位如发现有混杂的河鲀必须一一拣出分别处理，对外运的鱼货应仔细认真检查，以防止混入河鲀鱼。

9.要确定可以加工的河鲀鱼种，其他鱼种不得加工，在北纬 32 度以南海域捕捞的河鲀鱼即使是原定可以加工的鱼种也不宜加工，应请防疫部门检验后确定加工与否，对远洋渔业捕获的河鲀鱼更应慎重从事。

10. 饭店、菜馆无专营执照者不得经营河鲀加工，专营店须经上级主管部门审批，其厨师也必须受专门训练，熟悉河鲀鱼的性状，经考试合格者方可做加工河鲀厨师。

11. 养殖的河鲀鱼，虽有毒力小或无毒之说，但应和海捕河鲀一样进行加工处理。

12. 如前所述，某些鱼种的精巢属于低毒或无毒，但在河鲀分类知识还未普及与加工时难免混同等原因，对河鲀内脏各器官应一律视为有毒不得食用。

13. 万一发生中毒事件，应将患者尽快送设备完善的大医院进行对症治疗和人工呼吸，河鲀中毒发病快，死亡率高，一般多在6～8 小时内死亡，所以分秒必争地进行急救。

14. 利用冷冻河鲀鱼时，要用速冻的河鲀，解冻时要用流水迅速解决以免有毒部位的毒素转移到肌肉中去，解冻后的鱼应尽快进行处理，不得再次冷冻贮藏。

15. 卵巢的盐藏处理，注意事项为：作为原料的河鲀卵巢充分盐藏 2 年以上；对批量制品抽样检查，其毒力须确认不得超过 10 鼠单位/克。

16. 河鲀加工品必须标明的事项：河鲀加工品除标明加工单位、加工者姓名、地址和使用添加物名称之外应标明原料河鲀的鱼种和加工日期。

17. 河鲀鱼除标出学名外，应注明不同地区的地方名或俗名。

18. 鱼体本身含毒的河鲀不限于内脏以及种类不明的河鲀，为预防食物中毒，必须排除。

19. 鱼市场有关营业人员在掌握渔获海区种类的同时，配备有鉴别河鲀鱼种专门知识的人，对有毒的河鲀以及种类不明的鱼必须严格剔除。

20. 加工过程中所使用的器具必须用清水及时处理干净，在处理河鲀时不得同时处理其他鱼种或水产品，河鲀鱼必须与其他水产品隔离贮存。

21. 冻结时应使迅速通过冰结晶最大的生成区，冻结保藏在－18℃以下的低温进行，保藏中的温度变化要小，最好除去内脏后冻结。

参考文献

[1] 袁传宓，谢洪高，等. 江苏淡水鱼类. 南京：江苏科学技术出版社，1987.

[2] 李晓川，林美娇. 河豚鱼及其加工利用. 北京：中国农业出版社，1998.

[3] 王武. 鱼类增养殖学. 北京：中国农业出版社，2000.

[4] 赵明森. 河蟹养殖新技术. 南京：江苏科学技术出版社，1996.

[5] 黄琪琰，唐士良，张剑英，华鼎可. 鱼病学. 上海：科技出版社，1983.

[6] 杨阳庆. 河鲀鱼片加工. 北京水产，2001(5).

[7] 徐志聪. 河鲀第 20 集. 南通：江苏省海洋水产研究所，1993.

[8] 叶桐封，徐季博. 关于河鲀毒素及河鲀鱼安全食用的研究. 1963.

[9] 多部田修. ふぐ(改订版). 山口县食品卫生协会，1984.

[10] 日本厚生省环境卫生局. 食品卫生检查指导Ⅱ. 日本食品卫生协会，1978.

[11] 谢德全，王毅. 红鳍东方鲀养殖技术. 饲料工业，1997，18(12)：37-38.

[12] 李秋芬，徐怀恕. 河豚毒素(TTX)及其微生物起源. 海洋通报，1994，13(4)：86-91.

[13] 信息摘要：假睛东方鲀养成试验. 海洋科学，1992(2)：18.

[14] 朱光辉摘译. 日本河豚进口量及产销现状. 国外水产，

1991(3).

[15] 何家璋,等.安全食用河豚方法的探讨Ⅰ:河豚毒素的研究.北京:食品科学,1986(3):8-10.

[16] 朱成华,等.河豚毒素(TTX)对抗心律失常药疗效和毒性的影响.石家庄:河北渔业,1985(2):46-48.